VW00034

# 為什麼你該
# 寫一本書？

YOUR
BUSINESS
YOUR
BOOK

How to plan, write,
and promote the book
that puts you in the spotlight

打造個人品牌，
從撰寫一本成為焦點的書開始

金妮‧卡特（Ginny Carter）著

給格雷格、艾力克斯和蕾拉
——你們甚至比書還要美好

# 每個人都可以出專業書，
# 也都應該試試看寫書

**何則文**「職涯實驗室」社群創辦人／暢銷書作家

　　看到這本《為什麼你該寫一本書？》真的讓我很驚喜跟欣慰，讀完全書更是深入我心，感動不已。因為實實在在地把我心裡話都講出來，每句話都應證我的想法。想到大洋彼岸有跟我思維觀點這樣類似的人，又有系統化的寫出來，更覺得自己之前的推廣是深刻而有價值的。

　　你也或許會問，我又不是什麼很厲害的人物，談出書不可能吧。其實，我們說的寫書應該要更精確定義為「以出專業書為目的的系統性『寫作』」。而當你有起心動念後，現在，你只需要一個好的指南，那就隨著這本《為什麼你該寫一本書？》一起翩翩起舞吧！

　　本書的作者卡特不只是位寫作教練，還是一位「寫作影武者」，也就是為人代筆寫書的幕後大魔王。多年協助

他人出版的經驗，讓他歸納出一套心法。從工具到市場定位，如何宣傳等等一步一步手把手的教你。

這本書分成三個部分，第一個部分教我們如何「計畫」，接著就是開始「寫作」，最後就是「宣傳」。幾乎把每個出版寫作的細節都涵蓋到，看完這本書，讓你就離出書不遠了。書名要怎麼訂？怎樣定位市場？找到屬於你的客群，為誰寫、為何寫，如何寫，這本獨一無二的書都完整的告訴你。

而以中文書來說，我也分享一下一個小祕訣。以六萬字來說，假設你每篇文章約兩千字，三十篇就能成書。那重點就是分成大的章節跟各文章的內容了。把這三十篇，用五個章節主題去分，等於每個大章節只要寫六篇文章呢！這樣其實你會發現要完成一個自己的寫作計畫也不難了。

每周寫一篇，不到一年，你就能有一本書的文字量囉！現在，你還在等什麼呢？趕緊打開這本書，也開啟你的出版寫作計畫吧！

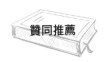

- 30歲時，我出了我的第一本書，人生開啟了更多機運。我覺得我好幸運，能有機會完整表達我的人生思考與架構，進一步影響他人，發揮個人影響力，從而為自己奠基專業。「為什麼我們該寫一本書？」好處在哪裡，答案就在這裡頭。

    ——少女凱倫（《人生不是單選題》作者）

- 「出書」是最好的人生槓桿，社會賦予你的專家認證，幫你打破同溫層，拉開你個人品牌的寬度。更棒的是，他將開啟你從未想過的可能性，認識更多有趣的人，讓人生更精采。

    ——于為暢（個人品牌事業教練）

- 本書讓讀者有步驟與系統的思考與練習，擬定寫作計畫之後，從一字一句、一段一章開始執行。

    ——洪震宇（《精準寫作》作者與金鼎獎作家）

# 為什麼你該寫一本書？——————目錄

# 第二部分：寫作 Write

# 第三部分：宣傳 Promote

YOUR
BUSINESS
YOUR
BOOK
How to plan, write, and promote the book that puts you in the spotlight

# 為什麼要寫專業書？

寫書就像一場冒險。　　　　　　——邱吉爾

你有個抱負——不，還是稱它為幻想吧——縈繞不散。有時候它會讓你興奮地咧著嘴笑，其他時候則讓你充滿了沈重的恐懼感。某個禮拜你極度渴望讓它成真，下個禮拜卻又覺得自己根本無法開始，更不用說完成了。

這個抱負，是為你的專業寫一本書，它正在召喚你。

比如說某天，當這個成為書籍作家的夢想還只是個幻想時，你參加了一場研討會，坐在聽眾席，看著跟你同專業領域的講者站上講台；在聽他發表的時候，發現他對你們共同知識的了解顯然不比你多，甚至還不如你。但為什麼被邀請來演講的是他，而不是你？看起來好像不太公平。更糟的是，聽眾對他的話照單全收，彷彿出自大師之口。離開會場前，你經過一張桌子，桌上疊了好高一落看起來很專業的書——他寫的書。啊，就是因為這樣他才在

講台上，那是他寫的。

再隔一個禮拜，你和工作上的朋友喝咖啡。她說她正在擴張她的「教練」（coach）事業，有三位新股東加入。更棒的是她那些大排長龍的顧客名單，是多數教練都趨之若鶩的。為了讓自己的工作量保持在合理範圍，她開始收取雙倍的費用。「真是太棒了，」你羨慕地說。「怎麼辦到的？」她的回答是，自從她的書出版之後，世界各地有興趣和她合作的人都會找上門。她為了廣為宣傳而做的行銷，也讓她認識了幾位同領域的Podcast主持人和知名專家；因此，她認為自己的成功，有部分是多虧了和這些人所建立的關係。

現在，寫本書這個念頭，對你來說也許不只是一個夢想了；事實上就你所知，為了像專家或意見領袖一樣受到尊敬，這已經是必要條件。而且你想得是對的。把讀這本書當作你職業新生涯的第一頁，因為用寫書來展現你的專業，有點像是新創事業——一個比前人更具權威、可信度更高，也更有發展性的事業。不管你是教練、顧問、講者或專家，成為一位勵志又啟發人心的書籍作家，能讓你收取更高的費用、和想要的人合作，也更有機會站上舞台。

如果你有演講過，就會知道面對滿座聽眾的價值；不過想想看，如果每個人都能在家讀你的書，它的存在可以遍及多少空間？

在你的書能影響讀者如何思考和行動、也就是對他們的成功有關鍵性建樹的同時，你也會得到成就感。它可能是在生活或事業上原本遭遇困難的人，轉而感受到的輕鬆與喜悅、在希望和絕望之間失落的連結，也可能是點燃激勵某人改變世界的火花。因為，一本出色的書可以為人帶來發人深省的改變。

「直到讀了這本書我才真正了解。之前誰想得到啊？」

「你得讀讀這個，絕對會有全新的看法。」

「我在讀這本書之前做的都是錯的，現在容易多了。」

此外，寫書就是有種特別的魔力，即便你根本還沒出版。進入架構和書寫的思考，能讓你的事業在各方面都成長茁壯；你會發現有了顧客和消費者，你所寫下的文字會

甦醒過來，更能開花結果，欣欣向榮。你會比以前更了解自己的本事，這意味著下次你得即席演說的時候，就已經有現成的講稿了。當然，如果你只是要讓工作還過得去，就不用非得寫一本書。但老實說，你怎麼會不想更進一步呢？

到目前為止聽起來都好，但還是有個問題。寫書可不是最簡單的方式，對吧？我總覺得一本書就像酥皮香腸捲一樣，結果雖然誘人，但你不會想知道它是怎麼做出來的。

首先是計畫——這是某些人會忽略的點，但造成的結果卻可能天差地遠。做得對的話，你就可以寫出一本書，來觸及和它最有共鳴的人，也能為你的事業加持；如果跳過這個步驟，卻可能浪費好幾個月的生命，寫出一本「錯」的書。接下來的小問題，就是如何才能精心創作得以吸引、啟發並教育讀者的曠世巨作。好吧，讓我們面對現實，這個小問題就是你到底會不會開始動手寫書？最後，你要如何行銷宣傳，讓它跟熱騰騰的鬆餅一樣大賣？你要怎麼盡可能讓最多數有興趣的讀者人手一本，如此一來，你才能在自己的領域中，打造出萬事通的專家名聲？

這並不容易，也從來都不容易，但它的作法可以複雜，也可以淺顯直白；本書則將它變得淺顯直白。你將從中學到祕訣，如何寫出讀者想要的書，並解答他們探尋已久的疑問；以及發掘到讓讀者不停翻下一頁的方法——尤其是現今注意力集中的時間非常短，這絕對是一大挑戰。你也會知道在書寫和行銷時該用哪些簡單的誘因，這樣，你的書才能為了提升你的威信，去達成它該做的事——也就是站在聚光燈下。

身為一位專業書籍的代筆作家（也就是我用客戶個人的言談風格來幫他們寫書），因為我寫過很多書，所以知道這一切該如何進行。我也輔導過無數的經營者，一起經歷他們寫作和宣傳作品的過程。現在，這些人都是出色新書的自豪作者，也擁有同樣亮眼的聲譽。我親眼見證到成為一位出版作家有多興奮，而我的目標，就是幫助你達成相同的成果。因為我體驗過要在書頁上寫五萬字所付出的代價，也從輔導的客戶身上了解到，自我懷疑、動機萎靡、甚至是純粹沒有時間這些原因，都可以輕易打斷你的作家夢。而且我也願意承認，在寫這本書的時候，即使是我本人也得克服這些障礙！教人如何寫書籍的還有其他作

品，而且多數都很精采；但由同時具有專業背景的專業作家所寫的，就少見了。

在第一部分的「計畫」，我們將概覽計畫寫書的過程。你會明白為什麼要寫書（這是一個偽裝得很簡單的超級難題）、需要什麼工具來寫書；同樣重要的，還有什麼其他事情，是你需要但還沒發現的——那些在你開始前，就可能讓計畫脫軌的「未知的未知」。接著，我們會進一步打造你的內容大綱，如此一來，它除了對你的讀者而言清楚明瞭之外，也能涵蓋所有你需要陳述的內容（不需要的就別多說）。

在第二部分的「寫作」，我們會深入寫作本身。許多作者都從這裡下手，所以他們之後才會卡住。你將學會如何將寫作變得比想像中簡單，也將學會讓訊息被清楚理解又有說服力的重要技巧。我會為你示範編輯的過程，並提供你在艱困的時刻保持動機的方法；也會告訴你關於出版選項的各種實際狀況，因為近幾年變化很大。

最後是第三部分「宣傳」，告訴你如何行銷和宣傳你的作品，讓它維繫、打造你的事業。你在起頭的時候就會學到一部分，因為我熱愛從最初就開始做行銷；我也會幫

助你在行銷的時候，避免某些容易浪費時間的陷阱，尤其若這並非你擅長的領域。我知道自己在做什麼，因為我在行銷領域待了二十一年，其中還包括三年的專案社群媒體經理，為許多公司發Twitter和貼文，在網路上建立他們的閱聽眾。實體行銷和網路行銷的世界，都是我很熟悉的領域。

到本書的結尾，你會知道要寫什麼、寫給誰、如何寫，以及怎麼告訴所有人你寫了書——才是最好的方式。就專業上來說，你會成為那個「以此為題寫書」、受邀主講、主持座談會、對你的產業有所貢獻，以及幫助更多人的作者。但已經沒有時間可以浪費了。如果你熱切想知道一本書能夠如何宣傳你的專業，並帶給你成為出版作家的恆久成就感的話，就必須立刻開始。讓我們動手吧！

# PART 1
# 計 畫
# PLAN

# 第一章
# 你的心智狀態

為何你寫得出一本書，

即便你認為這超出你的能力範圍？

風險來自於你不知道自己在做什麼。

——華倫‧巴菲特（Warren Baffet），
世上最成功的投資者之一

唐納‧倫斯斐（Donald Rumsfeld）在任職美國國防部長時，曾說過一段有名的話：「有些事情我們知道自己知道。有些事是已知的未知，也就是我們知道自己不知道的事。甚至還有未知的未知，是我們自己都不知道我們不知道的事。」[1]

雖然他當時因此受到嘲諷，但若你仔細讀他的字裡行間，會發現他說的有道理，因為我們不會總是知道，有什麼事是我們不知道的。對你來說，這些事有可能是對「寫一本書有何意義」的各種假設，但因為你未曾意識到，所以從來沒有質疑過它們。如果你已經拖延了一段時間還沒開始，或是寫完前面幾章卻日漸荒廢，那就可以確定，這其中的一個、甚至數個想法，就是阻撓你的原因。

---

1　2002年6月，北大西洋公約組織（NATO）記者會。

在這一章，你將學會如何讓妨礙寫書進度的絆腳石現出原形，有點像是醫事放射師用X光把隱藏的身體部位照出來一樣；接著，你才能處理它們。

## 你為什麼還沒完成過一本書？

所有新手作家的肩膀上，都有一隻喜歡坐在那裡的小精靈，悄聲地說：「你打算拿我怎麼辦？我是你的書，已經待在這裡一段時間了，不是嗎？其實已經過好幾年了。奇怪的是，你除了買好一本關於如何寫書的書之外，怎麼都沒完成關於我的任何一件事（雖然這書的確很棒）？也許這件事不適合你，還是趁浪費更多時間之前，立刻放棄吧。」

如果那小精靈的話聽起來很熟悉，你並不孤單。我曾經問過好幾位備受景仰的專業專家，他們為什麼還沒出書？他們給的理由林林總總，主要可以歸類成九種阻礙。好消息是，沒有哪一種是確有其事。

小心：我對這些藉口的看法，可能會讓你開始動手寫書！

**我沒時間寫書**

其實就等於……

⊙ **我的書不是我優先在意的事**

寫書要花很多時間，還沒開始我就想放棄了。

我接了太多客戶的案子，騰不出時間。

或是我最喜歡的：

我得在荒島上待三個月，才寫得出一本書。


　　這也難免，要寫一本優質專業書籍是個大工程，*天經地義*。這就是為什麼作家地位特殊──他們夠了解自己寫作的主題，並可能因此改變讀者的事業或人生。它從來都不是幾個禮拜就能解決的作業，但那也沒關係，因為不簡單的成就才能造成改變。

　　暢銷作家兼專業思想大師賽斯・高汀（Seth Godin）說得簡潔有力：「最能改變你人生的書，就是你寫的那一本。」如果你渴望寫一本書，那就想辦法騰出時間。你目前如何優先排序最重要的工作？是在行事曆裡計畫後激勵自己達成，還是覺得會有奇蹟發生，書就自動完成了？你的書沒什麼理由該受差別待遇。

如果那招不管用，試試這個。要是你發現六個月後，你的勁敵就出了一本現在還擱在你腦袋裡的書，你會有什麼感覺？

## 我擔心我的書會有缺點

這我很能體諒，身為一個逐漸恢復的完美主義者，我了解在開始之前就喊停有多容易，因為我擔心可能會寫出什麼錯誤或失察的內容。

要是有錯字怎麼辦？

如果我在出版後才發現漏掉什麼重要的東西怎麼辦？

要是我搞錯什麼事的話怎麼辦？

這些都是很常見的恐懼，但也真的僅此而已。如同伊莉莎白・吉兒伯特（Elizabeth Gilbert）在她關於創意與寫作的絕妙作品《創造力：生命中缺乏的不是創意，而是釋放內在寶藏的勇氣[2]》裡所寫的一樣：「我認為完美主義

---

2　Elizabeth Gilbert, Big Magic: Creative Living Beyond Fear, Bloomsbury, 2016.（2016年，馬可孛羅出版）

只是穿著昂貴高跟鞋與貂皮大衣的恐懼，裝著優雅的同時其實內心非常害怕。」你的書當然不需要完美。哪有什麼是完美的？

## 我不知道從哪裡開始

又是老梗。我們面對重大任務時，會畏縮是正常的。這本書該寫些什麼？誰會想讀它？大綱要怎麼編排，讀者才看得懂？我們拿來問自己的問題，多到會讓我們精疲力盡舉手投降。寫大綱有很多種方式，每一種都不是艱深的學問；你只需要一些簡單的基本規則，讓自己動起來。至於要去哪裡找這些規則，我給你一個提示：就在你手上拿的這本書裡。

## 我討厭寫作，也寫得不好

這個事實無法避免，有些人覺得寫作是輕鬆又享受的事，其他人則不然；但讓我們來卸除這種心防。不喜歡做某件事，跟做不好是兩回事，但我們卻認為如果「感覺不太對」的話，就會有高高在上的聲音（誰啊？）說：「我們注定不該做這件事。」這是我們自己為自己編的故事，

在我們找藉口舉旗投降的時候，馬上就派得上用場。

另一個看這件事的角度，在於「陌生」。學校沒有教怎麼寫書，所以你會被這個想法嚇到很正常；但如果你把它看成是寫一篇剛好稍微長一點的短篇故事，或是一系列相關主題的網誌文章，你就會了解在這之前，你已經做過很多次類似的事了。

實際上，如果你真的覺得自己不會寫作，一位優秀的編輯、甚至是代筆作家，也許可以解決這個問題。不要太擔心文法和拼字，文字編輯和審校人員會一起幫你忙。

## 我所知道的不夠寫成一本書

讓我們思考一下這件事。你在工作中有幫助到人嗎？有沒有客戶很滿意？你是不是已經投入該領域一段時間，一路上也獲得了大量知識？設定好倒數計時二十分鐘，快速寫下所有你對自己的專業領域知道的事，我指的是每一件事；我們很容易把自己每天做的事視為理所當然，要是在你工作的過程中，所知道、相信、經歷過和學到的事無法填滿幾張頁面，我才會覺得驚訝。

## 沒人會想讀

你怎麼知道？你問過*每個人*了嗎？不過說真的，這是個好機會，讓你在要寫的主題上做點功課，因為真的會有人寫出沒什麼人想看的書。這不一定是因為他們沒有什麼值得寫的東西，而是因為從一開始，他們要說的事情本來就沒有市場需求（後面會更深入討論如何避免）。問問你過去和現在的客戶，看他們覺得一本關於你的領域的書重不重要，或在你的訂閱者名單中進行調查。你值得向自己證明你的書有可讀的利基點，不只是為了你的自信，也因為這樣才有專業上的價值。

## 競爭太激烈

你的廚櫃裡有幾本食譜？若你有某個嗜好的話，會買多少相關書籍？舉個例子，到亞馬遜書店上面搜尋看看，攝影書就有幾千本，而且其中很多銷量都還不錯。事實上，如果你在你的領域中看到競品，正表示這是個有利可圖的市場，因為當人們想了解某個主題的時候，會購入的書通常不只一本。

我的Kindle電子書裡有超過五十本精進寫作技巧的

書，書櫃上的還更多。但我還是在寫一本關於專業寫作的書，因為我相信我有一些價值可以貢獻。再加上你對你的主題有自己獨到的見解，這表示你的書永遠都不會和別人的一模一樣。沒有人可以為任何一個主題下定論。

## 可能有人不喜歡

我記得輔導過一位講者，她跟我一起寫書。她的上一份工作是學者，現在則是財經專家們（非學術界）敬重的顧問。她擔心前同事會瞧不起她最近非學術的寫作風格，並因此私下批評她；她幾乎可以預見他們讀到的時候，挑眉癟嘴的樣子了。這阻礙了她的進度。我提醒她不是為了他們才寫書，而且無論如何，他們也不太可能花時間去讀和他們的興趣沒什麼關係的書；她才放鬆下來，書又開始有進展了。出乎意料的是，她發現她的書出版後被列在推薦學生閱讀的書單裡，因為內容實用，文體也平易近人。

若你在寫作的時候感覺不自在，就轉身看看。是誰在那裡？我寫作的時候會覺得有一群旁觀者，皺著眉頭待在我身邊，但我試圖不讓他們妨礙我。我最愛的專業與自我勵志書籍作家羅伯特·席爾迪尼（Robert Cialdini）說的這

段話我很喜歡，他在寫他的第一本大眾書籍《影響力：讓人乖乖聽話的說服術》之前，都很習慣「肩膀上有來自學術界的讀者在就近監視」。一旦他了解到這點，就在心靈影像中把這些學者換成他的其中一個鄰居，成為他新目標讀者的代表[3]。

## 寫書？我以為自己是誰啊？

所有這些理由都指向一個最終的問題：「寫一本書？我以為自己是誰啊？我又不夠聰明／特別／出名／熟練（視情況刪除），所以辦不到。」即使你現在沒有這種感覺（希望你沒有），但你在這趟旅程中，還是可能會遇上自我懷疑不知不覺入侵的時候。每個人都會這樣，所以不要被其他作者表現出來的自信給騙了。

全球暢銷作家尼爾・蓋曼（Neil Gaiman）在二〇一二年為費城藝術大學畢業生的演講中，說：

---

3　完整內容請聽Podcast節目《精英商學讀書會》第一百零二集羅伯特・席爾迪尼的事前說服（Pre-suasion with Robert Cialdini', The Extraordinary Business Book Podcast: www.extraordinarybusinessbooks.com/episode-102-pre-suasion-with-robert-cialdini/，暫譯）

任何形式的成功，即使是最微小的那種，第一個遇到的問題，就是一個自己深信不疑的念頭，認為自己只是僥倖，隨時會被拆穿……。至於我呢，我相信會有個帶著板夾的男子站在門口敲門（我不知道在我的想像裡，他幹嘛帶著板夾，但他就是帶著），然後告訴我一切都結束了，他們抓到我了[4]。

如果像蓋曼這樣的出版紅人，都會有冒牌者症候群（imposter syndrome）找上門的話，顯然這種詐欺的感覺應該毫無道理。我們每天都有幾百個想法，大部分在我們沒有意識到的時候來了又走，但我們偶爾會緊抓住一個念頭且深信不疑，不管它有沒有用。我們可以把它們想成計程車，在它們一輛輛開過時我們會讓絕大多數開走，但卻不知為何就是會決定跳上某台車，還在那邊聽駕駛滔滔不絕地說為什麼我們應該放棄寫書。

「老兄，我這計程車後座載過很多失敗者。」他說：「他們全都花好幾個月寫一本書，根本沒有人看。有個女

---

4    'Neil Gaiman: Keynote Address 2012', University of the Arts, https://www.uarts.edu/neil-gaiman-keynote-address-2012

人在她的書裡發現一個錯誤之後慚愧到不行，從此不再出門。另外一個是因為亞馬遜上有一篇負評，就這樣結束了他的職業生涯。我甚至還載過一個想躲起來的人，因為他發現已經有人寫過相同主題的書了。我跟你說，這件事划不來。」

要是腦袋裡有這種胡言亂語的話，也難怪我們會脫軌了。我雖然不是心理學家，卻知道一件事：想法就只是想法而已，沒別的了。在我們了解這點之後，就能比較不那麼認真地看待它們。但如果這對你來說有點深奧的話，要逃出這輛末日小黃、轉搭光明馬車，還是有個比較實用的方法……。

## 寫書的唯一最佳原因

我想要跟你們分享一個概念，在了解之後，它改變了我的一切。這件事應該早就在我腦子裡了，只是不知道為什麼，聽到它從別人嘴裡說出來，才有助於我完整理解。我那時在聽Podcast節目《精英商學讀書會》，主持人艾莉森·瓊斯（Alison Jones）正在訪問暢銷作家兼專業專家丹尼爾·普雷斯利（Daniel Priestley）。他在裡面說：

在寫書的過程中，你是在深入挖掘你的智慧財產，所以就算你從沒賣出一本書、或是書根本沒有出版，它還是一件有意義的事，因為在寫作的過程中，你會對你的案例分析、敘述和研究方法了解得非常透徹。[……]它是一個過程，讓你思考你知道的東西，再以文字的形式呈現，然後那些內容就會成為部落格、文章或工作坊的素材[5]。

他的意思是這樣：寫一本書，是更深入了解自己專業的一種無可匹敵的方式。這可以理清你的思考，鼓勵你找個方法解釋給大家聽，讓每個人都能了解；它也是一種對想法和洞察的出色刺激。如果你帶著好奇的精神來寫書會很享受。一旦我腦子裡一直有「創作我自己的書本身就是一件值得的事」的想法之後，就無法自拔了。

---

5　Podcast節目《精英商學讀書會》第七十二集'Episode 72 – Book as Business Development with Daniel Priestley', The Extraordinary Business Book Club, www.extraordinarybusinessbooks.com/episode-72-book-as-business-development-with-daniel-priestly/

我們來看看寫一本專業書，即便還沒到可以「發表」的地步，能帶給你什麼好處。你也許可以：

- 找出在你的專業活動裡，是什麼讓你與眾不同；
- 釐清你的點子；
- 從混亂中創造出井然有序的想法；
- 學習如何用寫作，清楚地傳達你的想法，並令人信服；
- 找出幫助別人的新方式；
- 發展不同的架構和研究方法；
- 將內容轉換成適合其他平台的內容，例如你的網誌、線上課程和演講；
- 和能為你的書加分的意見領袖發展關係；
- 尋找個案研究和推薦證言；
- 記下能夠闡述你的論點的故事，可以在演講或其他時候派上用場。

寫一本書是一段引人入勝的旅程。比起幾乎任何其他活動，寫書都更能讓你了解自己以及你的事業；如果你在

進行時能帶著使命感和一點謙遜（沒錯），讓你陶醉的成就感將無窮無盡。它的價值不只在於結果，更在於過程。當然也不是說出了一本書沒什麼好讚嘆的；成就感、親友回報的熱情，以及你將為自己的事業打造的領先地位——這些都讓寫書成為一件很值得的事。但事情並沒有這麼單純。

## 你不該寫書的原因

另一方面，如果你的事業基礎還不是很穩固，你可能會發現以它為主題寫一本書，也許會減損你成功的機會。原因在這裡。

首先，你還沒有產出能夠讓作品內容豐富的經驗和案例。每一本書都需要例子和故事來助它一臂之力，讓書變得難忘，也更貼近個人。最近我和一位女性聊天，她正在開創她的教練事業，還說首年要達成的目標之一是寫本書。我問她原因，她說因為她熱愛寫作，而且出書可以提升她的信賴度。對那個時候的她來說這兩個理由都很棒——只不過會大量分散她的注意力。我看得出來，對她來說思考寫書的事，會比對付堆得滿桌都是的新創作業要

來得容易。所以我建議她等一等，也很高興她真的等了；我等不及要看等它終於完成時，結果會如何。

這也是我要你在累積更多經驗前，先把寫書這件事延後的第二個理由。你的輔導和訓練方案夠不夠健全？有沒有夠多客戶跟你一起試過，知道它真的很好用？我們都是經由時間來學習，所以，在你投入時間和精力寫書之前，給自己一個成長為專家的機會是值得的。如果你是新創公司，先建立你的電子報名單，以及透過社群媒體和網路累積口碑，這樣可能會更好。

你可以先做這件事來取代：固定寫部落格。這樣你就可以在捕捉想法的同時，也幫書打草稿。花點時間思考你的目標群眾，釐清你為你的書設定的目標，並記下所有可以完美陪襯的每一個案例和故事。接著，等時機成熟，你寫書的準備工作就已經進行一半了。

**我們談到了：**

- 發生在你腦中的事，和你用手指打出來的東西一樣，都會是你寫作成功的一部分。

- 人們拖延他們的寫作、不管是動筆或是收尾的主要原因有九個，但這全都是自己想像的。

- 如果你在寫書的過程抱持著好奇心，並且應用它來讓你的事業更上層樓，就可以克服上述許多障礙。

- 不寫書的正當理由只有一個，就是當你的事業基礎還不夠穩固的時候。

# 第二章
## 你的工具

在開始前，你需要什麼？

要開始，做就對了。

——威廉・渥茲渥斯（William Wordsworth）

　　我們已經討論過心理準備，但寫書還需要什麼呢？其實不太多。基本需求只要可以產出、記錄的工具，再加上你的頭腦。也許雙手會有用，但稍後你就會發現，甚至連雙手都不是必須的。話雖如此，當你開始寫作旅程時，還是有些好用的東西，會讓你的生活輕鬆一點。

## 你需要什麼？

　　除非你像維多利亞時代的小說家一樣親手用筆寫原稿，否則你會需要一台PC或是Mac電腦來寫作。到目前為止一切都好，但你要用哪種軟體呢？Microsoft Word之類的標準文字處理軟體顯然是我們第一個想到的選擇：它兼具容易取得和廣為人知的雙重好處，這表示你可以不慌不忙，馬上開始。

缺點是當你的原稿愈來愈多，這種標準軟體就不太能幫你視覺化；你「看」不見書的全貌，只有一連串的文件或頁面。如果你分章節存檔，又很難感受它們全部組合起來會是什麼樣子；而且如果你需要移動章節，或是在整份原稿裡面搜尋什麼內容，可能會覺得愈來愈挫折。但如果你存成一個大檔案，又變得十分笨重，不便使用。

另一個選項是寫作軟體，現在有好幾種選擇，不過我用的是Scrivener[6]。它就像為作家設計的專案管理系統，允許你為每個章節新增個別檔案，但把它們存在虛擬活頁夾裡。你可以把它們移來移去，也可以用字數統計或完成百分比來追蹤你的進度；看見你現在編輯的是哪份草稿、插入注腳、將你的研究併入不同段落，完成後也能夠匯出成Word檔；我還持續在發現它幫得上忙的新功能，例如我為一位客戶代筆寫書，在書完成之後，他決定要重新編排訓練課程主題的順序。沒問題——我可以依照新的順序拖曳再放開，修改一些用詞，就大功告成。考慮到Scrivener能為你做的所有事，它就真的是便宜到不行，而且還能免

6　你可以從這裡購買，或下載免費試用版：www.literatureandlatte.com/scrivener/overview

費試用（不，這不是業配文，但我真應該考慮一下）。

使用寫作軟體的壞處，是它在設定到執行所花的時間。大部分工具都很容易上手，但絕對無法取代你已經很熟悉的工具，特別是當你沒有計畫寫好幾本書的時候；所以就選擇最適合你的吧。

你還需要一個安靜的工作地點。我所謂的「安靜」，指的是一個你可以隨心所欲寫作的地方，不管那裡到底安不安靜。對有些作家來說，一點背景音就很有效，像是你家附近的咖啡館。我知道有些寫作者打字的時候會有專屬的播放清單，這種混合放鬆和白噪音的音樂類型也很有幫助。

對你來說，找出一個空間寫書也很重要，可以是家庭辦公室、閒置的臥房或客廳的一角。甚至連廚房的桌子，只要它一天裡有幾個時段沒人佔用就很適合。擁有一個神聖的地點能幫助你進入寫作的心境，因為你一坐進那裡就會覺得：「這是我寫作的角落，我在這裡的時候，就是要寫作。」

「安靜」最關鍵的要素是不會被打擾，因為當你進到寫作的最佳狀態時，剛好被小孩打斷、問你有沒有看到他

們的填充玩偶，實在是一件很煩的事。沒有，你沒看到，但還是到處找了二十分鐘——才發現他們只是在玩家家酒而已。但如果你真的沒有任何偏僻的地方可以工作，那也沒辦法；不過早起或在夜間寫作或許會有幫助。只要你可以*持續工作*，產出的字數是很驚人的。

那人呢——人可以算在「工具」裡面嗎？聽起來可能很沒禮貌，但答案是肯定的。要是有其他人支持你的創舉，包括在需要的時候暫時幫你照料家庭或生意，是很難能可貴的。他們可能是你的家人或親戚，或其他每個同樣能提供支援、雪中送炭的人。想想看你的事業聯絡人、朋友、甚至是編輯和出版社。寫作教練也能夠擔任這個角色，因為讓你充滿幹勁、規矩自律，也是他們的工作之一。

## 寫多長才夠？

我們討論了你著手前需要的實體工具，但也有一些事情你必須注意。我經常被問到專業書的篇幅應該多長；這個問題非常聰明，因為你的作品篇幅不只決定你要花多少時間寫，也和你的寫作目的相關。更重要的是，如果你不

知道自己的目標大概是多少字，就不會知道每一章應該要多長，這可能會造成輕重不均。

最簡單（也是最正確）的答案，是你的書該有多長，就寫多長。如果是本來就精確有力的指南類書籍，不要為了看起來更多字而拖泥帶水。同樣地，若你有非常多內容要寫，你的書就必須拉長來順應。專業書寫作之所以迷人——尤其在電子書讀者和自費出版（self-publishing）開始成長之後——在於它是一個相對新的領域，規則不斷改變；因此你不用為了你的書一定要多厚的不成文規定而感覺受限。如果有本專業書你很欣賞，為什麼不算算頁數，再將每頁的平均字數加總，看它到底有多長呢？這可以供你參考。

話雖如此，關於字數仍然有一些慣例，還是要注意一下比較明智；因為你的書的長度，也是決定讀者要不要買的原因之一。

## 標準專業書籍

它們的篇幅通常在四萬到六萬字（約中文七萬到十萬字）之間。不過，專業書籍正在縮短。趕時間的企業主通

常偏好選一本在飛機上就可以讀完的書,而不是花自己的時間細嚼慢嚥。這表示對三至四萬字(約中文五至七萬字)的專業書籍的接受度提高,不過如果你的書少於一百頁,會很難把書名放上書背(這樣的話,電子書最合適)。書的「份量」也需要列入考慮。若你的目標是發展出大師級的名聲,一本有點份量的實體書是必要的;如果是這樣的話,我建議最少要五萬至六萬字(約中文八至十萬字)以上。

## 寫給電子書讀者看的書

如果你的書只有電子書讀者才讀得到,那它的篇幅還能再小。用行動裝置看書比較容易,因為它們沒那麼長,不像讀紙本書的時候會感覺到一整本書籍。我自己的電子書《如何建立專業書籍大綱》(*The Business Book Outline Builder*[7],暫譯)就是九千四百字(約中文一萬六千字)。如果這是你的規畫,它必須包含在你為寫書而訂定的較大範圍的策略中。思考一下它是為誰而寫、會用什麼方式被購買和閱讀,還有你想借助它達成的專業目標。

---

7　Ginny Carter, The Business Book Outline Builder, Marketing Twentyone, 2015.

## 主題的範圍

　　這對書的篇幅有非常重要的影響。如果你想寫的主題相對精確，例如「社群媒體廣告」，它的長度就可以比較短，並設計成給忙碌人士的參考指南。但另一方面，若你要詳細解釋一個需要比較多細節和鋪陳的主題，例如「食品工業造成的環境傷害」，你的書就應該要比較長。

　　最後，我們這裡說的是字數而不是頁數，因為頁數編排會被圖表、排版、字型大小和其他因素影響（而且不管怎樣，對電子書讀者來說，討論頁碼一點意義都沒有）。但你還是可以預計一本沒有圖表、標準大小（一般是25開，即21×14.8）的紙本書，每頁會有兩百五到三百個字（約中文五百字左右）；這表示一本兩百（至三百）頁的書，大概需要五萬五千字（約中文九萬多字）。

## 你的時間

　　我經常被這些未來作家詢問的下一個問題，和你的書籍長度密切相關：「寫書要花多久時間？」和勇敢冒險家會得到的忠告正好背道而馳──建議盡量精簡到最少的行李之後再減半──這個問題最誠實的答案是：「比你想像

的要長，然後得再加倍。」我輔導客戶時，拿自己老媽的性命來發誓接下來的三個月會把書寫完的初步面談，已經多到我數不清了。我知道他們的企圖心真的非常、非常強烈，當然這也是可能的。但對大多數人來說，在還需要投入工作、家庭、吃飯、運動和貓咪影片的情況下，根本是癡人說夢。

如果你一定得知道要花多少時間的話，下次你寫一篇還算完整的部落格文章時，把花的時間記錄下來、計算字數，然後算出目標書籍長度所需的時間再乘以三，因為還要加上編輯和做功課的時間。現在，你眼前就有粗略的時數了。考慮到無可避免和意料外的注意力轉移，你每週還可以花多少時間投入寫書？最好實際一點。

對了，你的書在這個階段，看起來本來就會像不可能的任務，但不要因此被拖延。稍後我會教你化繁為簡的方法。

## 你的產業別正確嗎？

為了寫一本專業書，你所需要的最後一件重要的事是……一份事業。這聽起來像廢話，但我說的不是隨便一種

事業；我說的是那種會因為一本書而受益的事業。一本書對你的公司來說應該是加速器，建立你的威望、提高可信度，讓你覺得銷售專業變得更容易。

如果你是某領域的專家，並且藉由輔導、諮詢或演說賺取收入，那你幾乎一定就擁有能從寫書得益的事業。如果你不是，那就問問自己打算寫的主題符不符合、能不能提升你的專業。我等一下就會和你分享許多如何寫書的祕訣，所以先不用擔心「怎麼做」，只要判斷這件事合不合適。若你無法從寫書得到對專業銷售有益的連鎖反應，就會很難把它寫完。

**我們談到了：**

- 找出最符合你需求的寫作軟體，固定例行的寫作時間和地點，避免受到打擾。
- 在開始之前把書的篇幅列入考量，並據此規劃你的時間和章節。
- 確定你的產業類型是會因寫書而受益的那種。

# 第三章
# 掌握你的寶藏

了解你的書是為何且為誰而寫

我要拿筆墨寫出我的心。

——威廉·莎士比亞（William Shakespeare）

　　你的工作桌已經設置妥當。你做完了一些伸展練習（或許也用力左右硬扭了一下脖子，就像拳擊選手賽前的動作一樣），深吸一口氣，前後甩動手臂，接著坐下，手指懸在鍵盤上，隨即開始第一章。你不知為何文思泉湧，在自己注意到之前，就已經達成一千字的里程碑，休息片刻來杯慶祝的咖啡了。看起來蠻順利的。

　　老實說……你應該先冷靜一下。

　　我要你想像兩位專家，他們都在寫各自的專業書籍。第一位會平順地把書寫完，第二位則每告一個段落就會拖延。一旦書一出版，第一位作家會吸引到比後者多一倍的顧客和演講費。除此之外，第一位作家的書佳評如潮，第二位作家的書卻在亞馬遜排行榜吊車尾的地獄枯萎凋零。

　　發生什麼事了？是因為第一位作家比較優秀、對自己

的工作比較熟練，或比第二位作家更有毅力嗎？並不見得。這是因為第一位作家在開始寫作之前，*就把他們的書完整設想過一遍了。*

　　一本非文學類書籍的一生平均可以賣三千本，出版第一年可能只賣得掉兩三百本[8]（請記得這些數字還包含五顆星評論的暢銷書── 其他絕大多數都賣不到這個數字）。取決於你的目標，那些在鍵盤上耗費的時間不會有太多的回報；而且，根據我和在各個寫書階段的人合作的經驗，之所以如此的原因，大部分是因為沒有做好書籍企畫的三個重點。讓我們來看看你在書裡寫下任何字之前，有什麼事要先做。

　　1. 決定你要用專業書籍達成什麼目標。
　　2. 選擇理想的讀者。
　　3. 發掘埋藏在你書中的寶藏。
　　我們將依序討論。

---

8　　Publishers Weekly, 2006.（編注：台灣專業書籍出版市場與文中描述的英國出版市場相差不大，但實際銷售仍因書而異。）

# 1. 決定你要用專業書籍達成什麼目標

　　讓我們繼續剛剛那兩位作家的故事，這次我們要幫他們取名字。我們的暢銷作家莎夏（Sasha），從第一天就非常清楚她想用寫書達成什麼目標。她經營一間軟體公司，大部分客戶都來自貿易展會或商展攤位。她主要的挑戰是吸引對的潛在客戶到她的攤位，所以她一開始就打算發邀請函給目標客戶，讓他們在展場可以得到一本免費的簽名書。她完成本書的動機強烈，因為她知道自己要怎麼利用它，而她在六個月內就寫完了。結果令人振奮，吸引到許多新的準客戶，其中很多都轉為實質銷售。

　　相對地，我們這個沒那麼暢銷的作家鮑伯（Bob），想到一個他認為寫成書會很精采的點子。他經營一間獲利頗豐的老牌工廠，並且將他的成功歸功於他眼光精準的策略。他也有企管碩士學歷，所以認為結合他的實作經驗和研究來為企業主寫一本書，是一個很棒的主意。他不太確定要怎麼從這本書賺錢，因為他不想跨足專業顧問這個領域；但他預期書會大賣，所以應該會收到不少版稅。接下來呢？他認真投入這個計畫，幾個禮拜以來每天都寫作。一開始很好玩，但寫了三分之一就後繼無力；他的妻子和

專業夥伴開始抱怨鍵盤和他見面的次數都比他們還多。因此導致他草草結束，沒有太細心注意，就直接出版了——到現在只賣了九十本。

正如你所見，莎夏在一開始就設定好寫作計畫的基礎，確定她想從她的書得到什麼結果。鮑伯只有一個模糊的目標，而且也不實際。

## 選擇投哪一個籃？

你寫書的目標是什麼？雖然這都是個人選擇，但我合作過的業主、專家和講者告訴我，以下這些是他們想寫書的主要原因。你的原因會不會是其中之一（或是幾個原因的結合）呢？

- 幫助你的讀者
- 把自己定位為專家
- 吸引更多（而且付更高酬勞的）客戶
- 得到更多（又更好的）演講機會
- 為自己打造一個新的利基市場
- 建立電子郵件訂閱者名單

- 銷售你的教練或訓練課程
- 得到情感上的滿足，以及成就感

　　最重要的，是去確定對你來說，書裡有什麼？這就是有些人會搞錯的地方。因為「自私」的理由想寫一本書，而感覺有點奇怪是正常的。等到人們談完幫助世界和名留青史之後，我還得努力找出他們的專業目標。前者當然是寫書的好理由，因為它如果想達成你的其他任何一個目標，就必須能夠幫助人們。但它也可能掩蓋了你一開始想要寫書的根本理由，其實比較傾向上述的專業導向目標。

　　檢視這件事的另一個角度，是問你自己：「寫了這本書，我想變成誰？聲名顯赫的暢銷作家、自己專業領域裡的大師級人物，或是激勵人群的演講者？還是我只是樂於助人、有愛心，所以想分享知識而已？」比起還沒有什麼想法，現在就確立目標會讓你比較容易達成。

　　思考一下，要是你從一開始就不能坦誠想寫一本書的原因，你將無法：

- 知道自己為誰而寫；

- 決定要寫什麼；

- 為你的主題選擇一個獨特的角度或「鏡次[9]」；

- 建立一個能對你的主題和讀者派上用場的大綱；

- 選擇正確的出版方式，以及

- 執行能夠幫助你達成目標的行銷計畫。


我認為了解你的目標的重要性，就像試衣服一樣。如果要你現在打開衣櫥決定要穿什麼，你得先知道是哪種場合。你的書也是如此。如果你不知道它的目的，怎麼判斷它適不適合？我想莎夏應該說得出她的服裝需求是乾淨俐落，但鮑伯的話，我就不太確定了。

在我的經驗裡，如果你不清楚自己寫書的目標，接下來的發展很容易變成這樣：

- 你的書對每個人來說都是包山包海（因此對任何人都沒有吸引力）；

- 它會傳遞混亂的訊息；

---

9　編注：一個鏡頭或一個場景。

- 它無法幫助你想服務的人，因為內容太籠統；
- 沒完成就很想放棄，因為你懷疑它什麼都無法達成；而且還
- 沒有人要看（或是看的人沒有你想像得多）。

不過等一下，我們是不是漏掉什麼了？為了賺版稅而寫書──這個目標站不住腳嗎？很不幸的是，無法。等到我們深入討論出版選擇的時候，你會更了解這件事，但現在你只要先知道，單單想靠書籍銷售，來得到和你曾付出的努力相應的回報，不太可能。專業書籍給你分紅的方式，是在它將你的專業檔案變得更充實之後隨之而來的。有人告訴我暢銷書《大躍進》（*The Big Leap*，暫譯）的作者蓋伊・亨德利克（Gay Hendricks）曾說：「我靠談我的書所賺的錢，比賣書還要多太多了。」換句話說，重要的是票房（cachet），而不是版稅（cash）。

## 2. 選擇理想的讀者

你的書不是要給每一個人看的。這可能很難承認，卻是件好事，因為它強迫你專注在如何為你的目標讀者打造

耳目一新的閱讀經驗。如果讀者不喜歡你的書，他們就不會買；如果他們不買，就不會讀。你的書的生死，掌握在你有多擅長和讀者建立關係；其中最重要的事，是在一開始就知道他們是誰。不要擔心把其他人排除於你的讀者群外——若你知道一本書的目標讀者是誰，它就比較容易理解，即便你看得出它的目標不是你。

為你的書挑選正確的讀者有個技巧，我會在這裡解釋。為此，我又要虛構兩個人物來幫忙了：這次，是暢銷作家比爾（Bill Bestseller）和專家克萊兒（Clare Credibility）這兩位作家。

## 暢銷作家比爾（Bill Bestseller）

比爾想要自己的書登上傳統暢銷榜，例如《星期日泰晤士報》的暢銷書排行榜。對他來說成名非常重要：在他決定要用書來達成什麼事時，這就是最重要的目標。所以他需要寫一本書，目標群眾必須（在合理的範圍內）夠廣，主題也要夠多人關心，例如如何成為有效率的專業領導者。或者若他想在亞馬遜某個小眾類別的暢銷書排行榜稱霸，也可能決定縮小他的目標讀者群。無論怎樣，在他

選擇為誰寫作的時候，是把他寫書的目的納入考量的。

專家克萊兒（Clare Credibility）

　　另一方面，克萊兒正在寫一本專業書籍，來提升她在專業領域裡的權威度；因此最重要的，是把書瞄準她想影響的特定族群。既然她是協助新創產業的顧問，寫一本給新創業者的書就應該行得通。如果她把目標讀者設為*所有創業者*，會發現這樣比較難行銷，而且她偏好的目標群就不會那麼有共鳴——這樣會導致它沒那麼成功。你可以看到，對克萊兒來說，被暢銷書排行榜的吸引力迷惑而忘了主要目標——在她現有的事業領域中，增加更多客戶——是很有可能的事。當然，變成暢銷書本身一點錯都沒有，但對她來說，這只是一個額外的好處而已，不是主要目標。

　　因此，對你的讀者群挑剔，可以讓你的寫作和行銷任務更容易進行。但如何開始挑選目標讀者？首先，找出你想要你的書能為你的事業帶來什麼？它要吸引的比較像是你原有的客戶類型，還是要觸及新的讀者？若是前者就相對容易，因為你已經了解他們了；如果是後者的話，就得

多做點功課。你對新讀者有興趣的點是什麼？是因為你單純就喜歡為他們寫作，還是因為有專業上的意義？隨時思考你的潛在讀者能帶給你什麼。

此外，如果你覺得合理，也可以把目標讀者設定成直接客群以外的人。舉例來說，這本書的目標讀者就是想自己寫書的專業人士，但它也瞄準了可能雇用我幫他們代筆的人。後者可能不想自己動手寫，但就因為我出了一本這種主題的書，他們對我的信任度就會提高。

一旦你知道你是為誰寫作的，具體打造一個理想讀者的縮影是很棒的主意，這樣他們就會在你的思緒裡變得清晰。菲利斯（Tim Ferriss）在他寫《一週工作四小時》（*The 4-Hour Work Week*，暫譯）時就是如此，他對前幾章的鋪陳不滿意，因此全部放棄，然後把它重新寫成一封寄給兩位二十九歲朋友的電子郵件，感覺起來真誠有力得多。有個方式可以讓這個過程開始得很逼真，就是想像有個人（無論是真實或虛構）讀完你的書之後，你會想要他和你聯絡——這會幫助你以極具影響力的方式為他們寫書。如果你心裡已經有特定人選的話更好，因為這能讓他們感覺起來更真實。

以下這些問題，能夠幫助你打造讀者的縮影。

● 最基本的是他們幾歲？性別？身在何處？

● 他們的工作？

● 空閒時喜歡做什麼？

● 買你的書的動機是什麼？

● 他們可能什麼時候、在哪裡讀你的書？

● 他們的渴望和夢想是什麼？

● 他們的挫折和擔憂是什麼？

● 在看你的書之前，他們認為自己的處境如何？他們
　現在在哪裡卡關？


發想一張一頁長、頂端附有照片的摘要，然後把它釘
在書桌前面，以便你在寫作的時候把它留在手邊——這件
事很值得做。這樣的話，你就永遠不會看不見你的理想讀
者。我輔導的客戶覺得在寫書的過程中，排定幾次和試閱
讀者的閒聊或訪談也很有用，確保他們沒有脫離正軌。

## 讓你的書籍行銷有效率

這意味著將你的讀者和顧客結合起來。我知道現在距離行銷你的書還很遠——你甚至都還沒動筆咧——但如果你鎖定的讀者群和事業的客群是同一群人,賣起書來會容易得多。你的事業應該已經有可以用來推廣的受眾了——也許是你的電子報訂閱者名單、社群媒體的追蹤者、Podcast聽眾,或是各個不同平台使用者的組合。如果你的書瞄準的不是這些讀者,你將繞過那些好不容易才建立起來的受眾,再靠另一群讀者從零開始。這是個艱難的工作。

話雖如此,你寫書可能是為了讓事業更上層樓,或是就客層而言再跨越一個門檻。思考你將來想服務的對象和思考現在的目標讀者一樣重要,在內容和行銷企畫中將這個因素納入考慮,是愈早愈好。


## 3. 發掘埋藏在你書中的寶藏

讀者買的不是書,而是讓他們感覺良好的解決方式。就非文學類書籍來說,你的讀者會有一個他們想要知道解答的核心問題。「不餓肚子的話要怎麼減肥?」「我的人

生要怎麼更有成就？」「地球暖化怎麼會發生？對我們的地球來說，這意味著什麼？」

　　你的工作是為那個問題提供一個令人滿意的解答，只要一個就好。於此同時，你也會回答很多其他問題，但它們一定都會導向讀者們一開始關鍵的不確定感的解答。你處理這個問題的獨到角度與提供讀者對其深刻理解的特別方式，就是你書中的寶藏。*掌握你的寶藏吧。*

　　要是一本專業書籍表現不好，唯一理由就是它的核心概念不吸引人。然而，要是能將你的寶藏處理得當，就會成功。若你對它很了解，就能以其為中心打造一整本書，出版後也可以將它用在你的行銷訊息裡。所以你要怎麼把寶藏挖出來呢？這裡有一些建議。

## 使用「即使」法則

　　假定你計畫寫一本書，主題是如何打造賺錢的電商。讀者們想知道的不只是如何進行線上銷售，也極想知道*即使*他們以前從來沒有做過、*即使*他們討厭社群媒體、或*即使*他們還沒有可以上線販賣的產品，也都可以上手。這個「即使」法則就是你的寶藏，讓讀者無法抵抗你的書的誘

惑。我輔導的一位客戶寫了一本關於資訊科技的小眾書籍，協助菜鳥感覺像專家；他的寶藏，就是「多年的業界經驗，在這個領域並不是專業成功的必要條件」。

## 問問自己你的特點是什麼？

在你協助客戶的時候，他們覺得你真正幫上忙的是什麼地方？是你的方式、背景、個性，或其他？因為這是你必須反映在書中的差異。許多雇用我當寫手的客戶中意的點在於我有專業背景，因為這讓我在寫專業主題的書時，能有更深刻的洞察。這就是為什麼我在寫這本書的時候，把焦點放在專業利益上。

## 盡情闡述你的想法

我們最固執的意見通常都是最可靠的指引，指向書裡的寶藏可能是什麼。你覺得目前在你的產業裡，什麼事讓你感到挫折？有什麼錯誤是客戶經常犯的，但如果他們聽從你的建議，其實可以輕易避免？有哪件事是你的每個目標讀者似乎都搞錯了，但你卻完全不懂怎麼會這樣的？當你找到這些東西的時候，就是挖到寶藏了。你的書將不再

又只是一本「如何……」的指南，或是「僅屬個人意見」的作品，卻可以直指讓讀者心煩意亂的核心議題。舉例來說，我的挫折是看著專業書籍作者，跳過寫書的計畫階段，直接開始寫作；結果要不是寫錯了書，就是半途而廢。這就是為什麼我花了本書前三分之一的篇幅，來協助你避免這個錯誤。

從這裡就看得出來，堅定捍衛或反對某件事情是很重要的，這表示你的書不可能讓每個人都喜歡。若要堅定地對一群人說話，結果一定免不了惹毛另一群人，所以別害怕這麼做。想想達爾文（Charles Darwin's）的《物種起源》、馬克思（Karl Marx）的《資本論》，吉曼·基爾（Germaine Greer）的《女太監》——在他們的年代（有些到現在還是）的讀者群都切分得很明確，卻得以被當成經典思想領袖一樣尊敬。你不用為此故意造成爭議，但一定得知道你在你的主題中是什麼定位。

## 為你的專業書選擇絕招等級的思想

一旦感覺到什麼會讓你寫的書變得特別後，你就需要一個主要論點來支撐它。因為你的書是用來建立品牌的工

具——是同時解釋你如何思考與工作的深入內容。它必須反映出你為何獨特：你的聲音、思考和方法。

你要怎麼決定你的書要用什麼絕招，又如何確定你選的是對的？我有一組超棒的問題可以幫你釐清。即使你很確定你的想法已經很完整了，這些問題還是值得回答，因為你回答的時候可能可以再想一下。問問自己：

- 它讓我熱忱滿腔嗎？你會花很多時間寫你的想法，所以你需要熱愛它。

- 它對我的事業有益嗎？它必須是一個能夠幫助事業成長的想法；也許你能因此吸引到額外的演說邀請、新來的客戶，或你事後將得到的升級版形象。

- 它是否瞄準我事業的現有目標客群？還是是他們的未來版？如果不是，你對第二個問題的回答就不太可能是肯定的。

- 我對我所做的事了解嗎？一本成功的書，是由智識和專業寫成的。

- 我能不能把自己的其他想法合併到單一本書裡？或是用兩本書貫穿？在部分的重疊中，可能會有創新

的東西出現。

- 有沒有關注這個想法的主要讀者群？想讀它的人會夠多嗎？

如果你有興趣，可以到這裡下載簡單的流程圖：
https://marketingtwentyone.co.uk/idea

## 了解需要和想要之間的差別

你的書的主題，必須是讀者*想要*讀的，卻不一定是他們*需要*讀的，這之間是有差異的。問問自己你最近花費在必需品上的時間或金錢，你可能會想到付水電帳單，或投資在重要的商用軟體升級上——換句話說，都是無可避免的事物。可是一旦你的基本需求滿足了，你多餘的金錢和時間就會花在你想要的事情上，例如度假和新衣服；絕對不會是用來從一本書裡學到什麼內容，而你甚至連它有沒有用、有不有趣都不知道。

這件事舉個例子最好解釋了。卡洛斯是一位科技迷，他突然想到一個超棒的點子，是病人可以如何更輕鬆地利用視訊對話，來和他們的醫師溝通。他研究了這個主題，

並和醫療專家討論過，每個人都支持他的努力。等到他找我諮詢的時候，已經花幾個月寫了一本關於如何進行的書，對出版和行銷也已經準備萬全。

問題在於卡洛斯覺得病人會和醫師一樣對他的主題充滿興趣。但實際一點，哪種病人會買書協助醫師治療自己啊？要是醫師推薦他們可能會做，但他們不會自己想要去找這種資訊——他們甚至不知道有這種事。就算他們真的知道了，也不太可能熱衷於把可自由運用的寶貴時間和收入，花在這件事上。他們需要，但卻不想要。

當我和卡洛斯解釋時，他花了一點時間才聽進去。但講到最後，他終於理解他的書只針對一群精挑細選的醫師小眾市場。他們才是可能買書的人，因為這會讓他們的工作比較容易——而不是病人。這本書並不會因此變成廢物，但對於它本來該怎麼寫、還有行銷計畫怎麼擬定，的確會造成差異。如果你不了解需要和想要之間的差異，那你最後也可能會寫一本搞錯方向的書。哎唷（Ouch）！

## 掌握你的寶藏

只要你知道你的書是關於什麼的，應該就能夠填好以下的空格：

我想幫助〔*我的目標讀者*〕達成〔*我的專長*〕，這樣他們就可以〔*得到他們的成果*〕，我也能夠〔*達到我自己的目標*〕。

填好的例子會像這樣：

我想幫助〔壓力很大的人放鬆〕，這樣他們就可以〔活得更快樂〕，我也能夠〔為我的紓壓工作坊吸引更多參與者〕。

現在就試試看你的，把它記好。你對它的熟悉程度，應該要到就算我在半夜把你搖醒問你，你還是能小聲回答。你覺得自己辦得到嗎？

**我們談到了：**

- 如果想要你的專業書達成你想要的效果，就得先為它設下一個目標。

- 選擇特定的讀者群能幫助你寫出對的書，並正確地行銷。

- 若要讓讀者對你的書毫無抵抗力，你必須很清楚他們的關鍵問題，以及如何用自己獨特的方式來試圖解答。

- 你的書必須建立在讀者真的*想*知道的東西上。

# 第四章
## 你的投資報酬率

先確定那裡面有夠多你要的東西

有長穩的收入，比迷人的風采更加重要。

—— 奧斯卡・王爾德（Oscar Wilde）

現在，你知道你想從寫書中得到什麼、為誰寫，還有它有什麼特別的；你已經準備好可以想想出版後要如何行銷。我還沒要你發想它的行銷企畫，但我要你開始思考，你要怎麼——以能夠增加銷售的方式——宣傳你的書。因為我不想要你成為那些作者之一：他們打上「本書結束」之後，才開始思考要怎麼賣這個東西，結果發現要是當初考慮得再周詳一點，現在的處境就會好很多。你以後會感謝我，我保證。

## 在書裡行銷你的事業

不管任何投資，要是你對自己能獲得的報酬沒什麼概念，我確定你絕不會用一筆不小的金額來投入，專業書籍也是一樣。只不過對你的書來說，這比較像是如何用你投

資的*時間*，來獲得有利的報酬。就如同你已經讀到的，這種投資報酬的形式，比較會是利潤更高的客戶、更有效益的機會，和累積的人脈。

這就是很多專業書作者都卡住的地方，因為他們不知道要怎麼打造自己的書，才能增加它的報酬。不過，在你知道之後就簡單了。有三項人們沒有好好利用的訣竅，可以讓你的書投資報酬率飆升，而且本來就包含在書裡了：

- 用戶磁鐵（lead magnets）；
- 播種策略（seeding）；
- 將意見領袖（influencers）帶入你的書裡。

讓我們來看看它們為什麼重要，以及你可以如何使用。

## 用戶磁鐵

要是你能知道你的每一位讀者是誰，在他們看完書之後還可以保持聯絡，那不是很棒嗎？你可以知道他們覺得你的書怎麼樣，要求他們評論一下，再用你給他們的幫助

和專業為他們留下深刻印象，這樣他們才會想藉由其他方式和你合作，甚至還有長期對你的事業很死忠的潛力。

　　有個方法專門用來做這件事，就是透過用戶磁鐵。用戶磁鐵是一種為你的生意吸引導流的方式，你提供某種免費資源給讀者，以換得他們的電子郵件位址。它是這樣運作的：你製作某些數位內容，例如PDF或是影片檔，接著在書中將讀者導向到你網站的註冊頁面，邀請他們輸入聯絡細節來使用這些免費內容。他們的位址會傳到你的電子郵件伺服器，像是Mailchimp或Aweber；這表示只要他們願意，你可以一直保持聯繫。你不會寄出垃圾或推銷郵件，而是實用又可讀的內容。你可以討論一些你書中的想法，幾個主題的更新，以及──偶爾──向他們推廣你的服務。就這樣，你得到了一個保持聯絡的方式。

　　你可以在寫完書後再加上用戶磁鐵，但如果你邊寫書邊穿插（甚至從一開始就計畫如何安插更好），它們會出現得比較自然。這也可以給你多一點時間來設定這些工具，這樣在啟用的時候，你就可以少一件手足無措的事了。

## 用戶磁鐵的訣竅

在建立與設定你的用戶磁鐵時，下列事項值得銘記在心：

- 內容才是王道：它對你的讀者必須真的有價值，在他們的眼裡要配得上這本書的價格。這並不代表它的製作成本要很高——內在才是重點。

- 試圖將內文朝你安插連結的部分結合。當用戶磁鐵緊跟著讀者正在吸收的內容，作為合乎邏輯又難以抗拒的後續時，是最有效的。

- 在讀者訂閱的當下，確保自己遵守了一般資料保護規則（GDPR，general data protection regulation），針對你打算寄送的內容（例如行銷和促銷）都確實取得了用戶同意，也要讓你的收件人有隨時取消訂閱的選擇。

- 用戶磁鐵的幾個構想：範本、清單、報告、流程圖、說明影片或音檔，還有示範影片。

至於網站到達頁的網址要用什麼，有幾個選擇。你可以為每個下載檔案開設新的頁面，幫它取個讀者易於輸入的名稱（例如www.yourdomain.com/motivational-tips）；也可以在你的網站創一個頁面，放上所有的下載檔，例如www.yourdomain.com/book-materials。這種方式的建立和管理比較簡單，但比較不一目了然，決定權在你。

## 播種策略

這跟你的花園一點關係都沒有，雖然它的確會結果。播種策略的意思，是在你的整本書裡零星穿插工作上的成功案例，目的是在讀者腦海中植入你的專業。以下有幾個例子：

### 教養專家

我在輔導特殊孩童時，第一個月就能讓他們暴怒的次數減半。這個方式就是這麼有效。

### 專業財經顧問

為你的事業打理財務，何時開始都不算太遲。我曾經輔導一位差點破產的企業主，但遵循這五步驟的計畫之後，他保住了他的公司。

### 播種訣竅

謹記下列事項，你的播種技巧就會進步。

- 讓你的例子自然而然融入書裡，確保它們符合內容上下文，並能夠流暢地接到後文的敘述。
- 不要播太多種子——你不想要你的書看起來像廣告手冊吧？
- 態度自然、充滿自信，而不是低俗。

## 將意見領袖帶入你的書裡

人們通常會很樂意為一本書受訪或提供一些意見；這會增加他們對新受眾的曝光度，也給他們機會談談他們認為重要的事物。但對身為作者的你來說也有好處，因為若這些人出現在你的書裡面，就給了他們在各自的網路宣傳它的動機。

這些附帶內容可能來自其他技能和你相輔相成的專家，它會不會為你的書帶來什麼好處？為什麼不訪問他們，或邀請他們寫一篇短文放在書裡？你能不能取得關注對象的同意，引述他們的話？我自己也在其他人的書裡出了一些力，這局面是雙贏。

## 使用意見領袖的訣竅

這裡有幾個如何和意見領袖合作的建議，會對你們雙方都最有利。

- 選擇和你的目標市場相近的意見領袖，但最好不要是競爭對手。如此一來，他們會很樂於和周遭的人提到你的書，對你們雙方都好。

- 你的目標除了讓書的內容更豐富之外，也包括吸引更廣大的讀者群；因此，在挑選要邀請誰的時候，請好好記得這點。

- 在緊鑼密鼓逼近出版日的時候，確保合作者充分了解你的上市計畫，並問問他們是否考慮向他們的目標受眾宣傳你的書。他們會得到在你書裡出現的名聲，而你會因此觸及更大的市場。

## 為了讓你的書籍行銷成功，你「現在」就能做的事

想像一下你手裡握著成書的那一天。你給自己倒了一杯香檳，在社群網站上面發了一張你和書的合照，打電話給媽媽，然後倒在自我滿足裡精疲力盡。但在這個節骨眼，還是少了一樣東西：一群願意買書的讀者。他們是誰？他們在哪裡？重要的是，他們為何會對你的書感興趣？

這就是為什麼在你寫書的時候，就開始打造自己的作者平台，是非常重要的。「平台」這個詞可能會令人有些困惑（我總會想到跳水平台──最讓人敬而遠之的那種），但你可以把它想成是你站在上面談論作品的舞台。事實上，你會需要許多下列這些迷你平台，不過順序隨意：

- 社群媒體帳號；
- 電子報訂閱者名單；
- 演講；
- 網站；
- 在你的讀者群中擁有閱聽眾的意見領袖；以及

●面對面的社交活動。

　　你現在知道作者平台單純只是一個宣傳書的行銷訊息的地方，還有為何擁有一群會想了解這件事的現成觀眾，是很重要的了。你現在的讀者量有多少？夠不夠賣出幾百本、甚至幾千本書？你的讀者群不一定要很廣；如果你的事業是鎖定小眾市場，就不需要大量的注意。但你的潛在讀者是否多到足以產生群聚效應，在你的書一準備上市的時候，就有這群人可以宣傳？

　　你在計畫階段就要考慮這件事，不用把它留到最後一刻才做。建立行銷平台需要時間，因此你在寫書的同時，最好早點開始並穩定維持。這個方式的美妙之處，不只在於你會因此拓展你的讀者群而已；你也會發現你在寫作過程中還是想著讀者的──這是一個把焦點聚集在活生生的讀者身上的極佳方法。

　　你不用在每個平台都蓋個大本營，如果你之前沒什麼行銷經驗，就挑選你最有自信會使用的。就如同書籍行銷公關專家香塔爾・庫克（Chantal Cooke）曾告訴我的一樣：「真正有用的行銷，是你*確實去做*的行銷。」所以不

要為自己設下這種在每個地方都要成為超級巨星的挑戰，因為你不太可能有那種時間或精力。

## 如何打造你的平台

目前你需要建立的，只有在書寫完之後，能夠向他們宣傳的讀者群就夠了。下面列出這個階段需要注意的部分。

### 社群媒體

選兩個你比較有共鳴，而且已經小有成果的平台。別想要每一個都選，但必須確保它們是你的讀者會出沒的地方。以專業書籍而言，最有可能是LinkedIn和Twitter；但你可能也會覺得Facebook和Instagram對你很有效（而且等到本書出版一段時間後，毫無疑問會有其他全新熱門平台可以納入考慮）。接著，就是靠每天和你的目標閱聽眾接觸，張貼一些他們會覺得有趣、實用，以及和你的專業相關的訊息，來建立讀者群。

## 電子郵件

　　你的電子報訂閱者人數多不多？如果只有幾個人的話，代表這也許是你可以加強的地方。要增加名單有很多方法：在你拿來當用戶磁鐵的網頁上，設定一個彈跳視窗來交換電子郵件位址，再到社群媒體發文連結到該頁，或透過線上研討會、網路論壇來收集電子郵件名單。在你累積名單的時候，記得固定寄一些實用有趣又適合讀者的內容。你也可以聊聊你的書現在進行得怎麼樣了，並為想知道更多的人另建一份子名單。

## 演講和面對面社交活動

　　如果你會演講也定期參加活動，請考慮加強和活動主辦方的關係，這樣你的書一出版，就已經有現成的聯絡人名單了。

## 你的網站

　　你想要它在視覺上和使用上都令人驚艷，還是只要稍微改版就行？該是好好理一下頭緒的時候了，這樣在你的書出版時，就可以很快在網站上加一頁「著作」的頁面。

## 意見領袖

　　這可能是件大工程。在你寫書的時候列一張名單，名單上的是你在有需要的時候可以請他們幫忙宣傳的人；然後利用寫書期間加深和他們的關係。你可能會請他們為你的書寫點什麼，或想辦法和他們在社群媒體上、甚至是面對面進行互動。不要低估互惠的力量；如果你可以用對方式來幫助某人，他們會銘記在心的。

　　麥克・尼爾（Michael Neill）這位成功的教練說了一個精采的故事，他曾經說服一個超級忙碌的大人物，為他早期的一本書寫序，交換條件是自己幫她完成她的待辦事項清單中最討厭的一些工作（這招還真的有用）。

**我們談到了：**

- 寫專業書應該是一項有利可圖的投資，如果你從一開始就把一些任務和專業行銷整合進書裡，它在財務上會比較成功。

- 創造用戶磁鐵、善用你的專業來播種，以及邀請意見領袖為你的書出力，是為你所投資的時間，來提高報酬的三個關鍵方式。

- 你應該開始打造自己的行銷平台，這樣在你的書出版時，就已經準備就緒了。

# 第五章
## 你的書名

在第一眼就吸引到對的讀者

所謂好書名，就是一本暢銷書的書名。

——雷蒙・錢德勒（Raymond Chandler），
暢銷作家、劇作家

如果你已經告訴家人朋友你正在寫書（我希望你已經
說了），我想他們的第一個問題會是：「是在寫什麼？」
而下個問題大概是：「書名叫什麼？」難怪你現在可能會
對書名有點偏執的感覺。在這個階段就決定書名絕非必
要，但你也許會發現，如果你知道書名就會覺得你的書有
個依靠的地方，感覺好像真的會實現一樣。挑一個書名也
很饒富趣味，而且有一天你的名字還會印在它下面。那有
多酷啊！

諷刺的是，我發現想出書名最好的方式就是不管它。
接著哪天在我洗碗、或出外散步的時候它就會來找我。如
果你的心智知道自己得打造一個引人入勝的書名，不要干
涉、就讓它繼續，它終有一天會回報你。但如果你還是想
要更具體的建議，這裡有些你可能也用得上的催化劑。

- 思考一下讀者最後會從你的書得到什麼幫助。人們會買非文學類書籍，是因為他們有問題想要解決，或是想了解某個特定主題。羅伯特·席爾迪尼的《好耶！五十個經過科學驗證的方法，讓你擁有說服力》（*Yes! 50 Scientifically Proven Ways to Be Persuasive*，暫譯）讓結果一目了然，戴爾·卡內基（Dale Carnegie）的《人性的弱點：卡內基教你贏得友誼並影響他人》[10]也是如此。

- 你想要引發什麼感覺？你想要讀者覺得受到啟發、振奮、安心、憤怒、握有掌控權、見多識廣——還是其他情緒？若你想讓他們覺得安心，那麼由茱蒂·歐文（Judy Owens）和喬蒂·敏代爾（Jodi Mindell）所著的《讓孩子一夜好眠的10個妙招》[11]就是絕佳範例，因為它強調的是讀者將擁有的掌控感。

- 你的目標讀者群裡面有誰？若能讓你的潛在讀者們在書名裡找到自己的影子，他們就會知道自己來對

---

10　2018年晨星出版
11　2007年新手父母出版

地方了——再也沒有比這更好的方法。露意絲‧法蘭克爾（Lois P. Frankel）的《好女孩不會富有》（*Nice Girls Don't Get Rich*，暫譯）就清楚明瞭地指明本書瞄準的，是對金錢沒有信心，但又想改善財務狀況的女性。

你也會發現有時候效果最好的書名，可能是具體描述一種對比、或是字句之間沒有邏輯關係的書名——這讓讀者看不太懂，有激發他們好奇心的效果。我指的是像下列這些例子：

泰拉‧摩爾（Tara Mohr）的《姊就是大器》[12]（*Playing Big*）、湯瑪斯‧史丹利（Thomas Stanley）和威廉‧丹寇（William Danko）的《下個富翁就是你》[13]（*The Millionaire Next Door*）、凱倫‧布雷迪（Karren Brady）的《女強人》（*Strong Woman*，暫譯）、瑪格麗特‧赫弗南（Margaret Heffernan）的《大難時代》[14]（*Wilful Blindness*）。

雖然這沒有既定公式，但你需要的是將書的內容與調

---

12　2016年方智出版
13　2005年時報文化出版
14　2016年漫遊者文化

性濃縮於其中的書名，而且要簡短好記。一旦你想出幾個點子，下一步就是去研究競爭者的書名，避免在相似類別或領域中重複書名是很重要的。只要把你的書名輸入亞馬遜的搜尋欄位，應該就能知道有沒有這種問題。在網路上搜尋的時候，順便思考看看你的書名有沒有包含一些適合的關鍵字──特別是如果你的書是參考書指南，或是寫來解決某個特定問題。舉個例子，想像一下有人Google「如何開設線上課程」；他們甚至根本不是在找參考用書，是迫切地想知道資訊，如果你的書名符合他們輸入的文字，他們可能會發現自己點進你的亞馬遜連結，就這樣買了你的書。

## 副標

你也需要一個副標，它可以幫書名完成吃重的工作，尤其若你取了個艱澀或古怪的書名。但即便不是這樣，更詳細地解釋這本書的內容也很重要，也是增加一些關鍵字的好方法。像是丹尼爾‧品克（Daniel Pink）的《動機，單純的力量》[15]（*Drive*），副標是「把工作做得像

---

15　2010年大塊文化

投入嗜好一樣有最單純的動機，才有最棒的表現」（*The Surprising Truth About What Motivates Us*），就精采地闡明了它的書名。

副標也是一種用來彰顯出你的書想在讀者生活中佔有什麼地位的巧妙方式。它會是他們生活中某個領域的全方位指南、「新手」入門書、一步步循序漸進的工具書——還是別種書？要是清楚這一點，就能幫助你的書合乎讀者的渴望與期待。

## 你怎麼知道你是否選對書名了？

你的書名可能是靈光一現，感覺就是天造地設，其他東西都比不上；或你可能猶疑不定，不知道你選的是不是最所向披靡的解答。無論如何，用下列問題來檢視一下書名的意義，會是個好主意。

- 它能不能清楚表明書的內容？如果不能，務必非常仔細地往下檢查，也要特別注意你的副標。
- 它好不好記？
- 每個人都唸得出來嗎？

- 它是不是已經被佔用了？

- 它的長度是不是夠短，在書籍封面（以及線上瀏覽）的有限空間中還能清楚呈現嗎？

- 它有沒有包含任何相關的關鍵字？

- 它是否獨特？

- 你在說出書名的時候，會不會感到自豪？

如果你對這些問題的回答，多數或者全部都是肯定的話，就已經成功一半了。但要是有任何猶豫之處，清楚明白比什麼都重要；直截了當地明說就對了。記得，你的書名所扮演的角色——而且也是它唯一該扮演的角色——就是促使你的目標讀者拿起它、考慮一下，然後把它帶回家。

**我們談到了：**

- 你不一定要在開始寫書之前就決定書名；但你可能會覺得這有助於激勵你並且讓你保持專注。
- 在想書名的時候需要考慮很多因素，但最關鍵的還是清楚明瞭。
- 副標可以作為書名的相關說明。

# 第六章
# 打造骨架

為你流暢的書籍建構大綱

空想跟計畫得花費的精力是一樣的。

——艾蓮諾·羅斯福（Eleanor Roosevelt）

我的一位姪兒在七歲時，驕傲地給我看他在學校的自然科小考。我的注意力被試卷下半部的一個問題吸引：「為什麼我們有骨骼？」他的回答直接到就是一個小男孩說得出來的答案：「不然我們就會變成地板上的一攤皮膚和器官。」

從這個可愛的畫面說起，這就是書籍大綱的作用。它將你想要說明的幾個雜亂重點串起來，把它們變成條理清楚又流暢的章節組合，優雅地引導你的讀者邁向結論。要是沒有這個骨架，你的概念就會漫無目的地搖擺，到處迷失方向，把每個人都弄得頭昏腦脹。這點很重要，因為一本專業書籍的失敗，很少是來自它的寫作風格或是過程中的拼字與文法錯誤；而是由於它*沒道理*——你的讀者看不「懂」。

創造你的書籍大綱可能很有趣。你幾乎一定有一些已經發酵的內容——可能是你腦袋裡的點子和想法、寫過的部落格文章集錦，或是你開啟過的話題。在下一章，我會談到如何決定在你的每一個章節裡寫什麼內容；不過在這裡，我們要先看一下你寫的是哪種類型的書，以及它的目錄怎麼編排才會成功。

## 為你的書打造大綱

　　要讓你的想法井然有序有兩個主要方式，你可以依照個人偏好來選擇。

### 心智圖

　　如果你是比較視覺導向的人，那麼這個方法最適合你。拿一張白紙（或用製作心智圖的線上軟體），在正中間寫下你的書的核心訊息（也就是你的「寶藏」），然後用圓圈圈起來。接著從圈圈畫出一條線，在線的末端寫下你最先想到的相關主題，不管什麼都行；然後也把它圈起來。你接著想到的主題可能是它衍生出的一部分，也可能會是另一個直接從核心訊息來的主要概念——它們以什麼

順序出現在你腦海中並不重要，只管快速寫下，然後在適當的位置之間，把線連起來。

最後，你的紙看起來會像一張亂七八糟的蜘蛛網，但蜘蛛網中的某處，隱藏著你的書的完美架構。你接下來的任務是往後退一步，整理出哪些主題是你的讀者想要、也需要知道的第一件、第二件、第三件……事，依此類推。為了反映出這個比較合乎邏輯的新順序，你得重新繪製你的心智圖。

## 便利貼

這是我個人的最愛，因為我偏好線性的思考方式。拿出整疊色彩繽紛的便利貼，快速把不同的主題各寫在一張紙上，然後貼到白板或簡報紙——有些會是比較重要的主題，其他則是較次要的點，這也沒關係。先不要擔心怎麼整理它們，讓你所有的想法傾巢而出就對了。等到每一張便利貼都貼上去了，再看看會浮現出哪些主題。接著，在你的白板或簡報紙上畫好欄位，在每個欄位寫上適合的章節標題，再把便利貼依照主題移到各個欄位中——這樣就已經完成一些章節了。現在你就可以用嶄新的眼光，根據

怎樣的順序對讀者來說最有幫助，來決定這些章節要如何排序。

這兩種做法的共通點，在於它們都很直覺。我很常發現大家只要一想到要整理他們寫作的素材，就覺得被嚇倒；但若有簡單的系統可以讓他們照做，才會發現自己早就知道怎麼做了，大綱只是需要幫忙催生一下而已。

## 書籍類型

既然你已經知道自己要說什麼、照怎樣的順序說，就必須建立一個目錄。為此，知道專業書籍有四種類型，而且每一種都有各自最適合的大綱，是很有助益的。

1. 自我勵志或參考書指南類，例如帕特·弗林（Pat Flynn）的《這個點子有搞頭嗎？網路創業大師讓你的點子變現金》[16]（ *Will it Fly?* ）。

2. 自我轉變的個人傳記（transformational memoir），講述的是你自己的故事，還有讀者如何從中獲得啟示，例如雪柔·桑德伯格（Sheryl Sandberg）和亞當·格蘭特

---

16　2017年商周出版

（Adam Grant）的《擁抱B選項》[17]（*Option B*）。

3. 當代思潮（thought-leading）和勵志書，例如海倫娜‧莫里西（Helena Morrissey）的《這是做個女孩的好時代》（*A Good Time to be a Girl*，暫譯）。

4. 訪談集錦，例如喬安娜‧潘恩（Joanna Penn）所著《作者、創意人和其他內向人的演講指南》（*Public Speaking for Authors, Creatives, and other Introverts*，暫譯）的最後一部分。

你想要寫的是哪種類型的書？讓我們深入看看每種類型來協助你決定；即使你已經選好形式了，在完整了解過之後，也可能會改變心意。

### 自我勵志或參考書指南類

這是非文學類書籍的大宗，也是你展示專業和經驗的極佳管道。如果你是教練或顧問，它不只給你機會讓你證明自己知道些什麼；也能提供讀者比較低風險的方式來熟悉你的看法。若你擁有想要寫成書的課程或服務，它本身也是一個很棒的選擇，因為你會得到一整群新讀者。

---

17　2017年天下雜誌

這類型的指南是按部就班的步驟，用你的專業和經驗，來協助讀者從不確定的狀態走向明朗。他們可能覺得脆弱、覺得困惑，甚至只要能改善現況都好。不管怎樣，他們都會感激你牽著他們的手，小心地引導他們以合理又明確的方式，去經歷改變的過程。如果你想用書來提高課程的銷售，那麼將你的內容以相同順序編排是個好主意，這樣兩邊就能完美地銜接。

- **導論**：描述讀者的問題，包括它在他們的生活中如何呈現，並且將心比心；也許你在過去曾有過同樣的煩惱。簡短地解釋一下你將如何在本書中幫助他們解決問題，並且藉由展現你的資歷，來說服他們你是值得信任的。
- **第一章**：打造基礎。這是讀者在踏出改善的第一步之前，就應該了解的根本原則（你也可能需要更多章來說明）。
- **第二章之後**：帶著讀者一步一步克服他們的問題，每個主要步驟都需要有各別的章節，再加上一些行動時機、例子，可能也可以加入練習。

- **結論**：總結一下讀者學到了什麼，並鼓勵他們把新學到的知識付諸行動。展望未來，描述他們現在讀完你的書之後，生活會有多麼不同。

## 自我轉變的個人傳記

在這類型的書中，你述說個人轉變的故事，幫助讀者從你的經驗中學習。你可以順著時間先後來寫你的故事，也可以將它分割成各個主題和想法——這兩種方式都很有效。要讓你的訊息被理解，它可以是一個強而有力的方式，但許多作者都會犯的錯誤，就是沒有確保自己的故事和讀者切身相關。不過只要遵循以下這個大方向的架構，就能避開這個陷阱。

如果你不確定故事裡要包含什麼重點，試試看這個練習。拿一張紙分成左右兩欄，把你的故事要點列在左邊，要分享的啟示放在右邊，接著用連連看把它們對起來；結果就能為你的書籍大綱，提供一個可靠的起點。

你會發現閱讀其他人的自我轉變傳記很有幫助——看他們如何創作有趣又實用的讀本，選擇你覺得對你最有價值的技巧，再將其融入自己的作品中。在你與讀者分享心

得的時候，決定怎麼說故事、並把最切題的部分交織成你的寫作，這個過程並不容易。如果你不喜歡說故事，又覺得記敘文很難寫，那這個類別可能不會是你的首選。

- **導論**：用你的故事的引子，來給讀者閱讀它的誘因，預先讓他們知道可以從中學到什麼。你的書為何和他們有關係？他們會獲得什麼？這是一個點出你的個性的好地方，讓讀者開始了解你。

- **第一章**：在故事的開端，你的生活是怎麼樣的？你可以從轉變發生之前就開始寫（用來鋪陳背景），或是轉變的初期、甚至是結局。

- **第二章之後**：陳述你的故事的不同階段，伴隨著給讀者的啟示。其中一章應該要詳細描寫你的最低潮時期，還有你的轉捩點——你是怎麼發現自己哪裡做錯了，又做了什麼來修正？這是你可以開始說故事的另一個地方，因為這可能是讀者目前的處境。

- **結論**：你現在的狀況，以及讀者能如何從中得到啟發。大概說一下接下來要怎麼做，也很有幫助。

## 當代思潮和勵志書

這是一個出色的書籍類型，可以用來強調你思想的品質與原創性，也特別受這些人歡迎——像是想在他們的收費演講職涯中步步高升的演講者，還有需要提高自己可信度的顧問。這種書也讓人有十足的成就感：我們會多常有這種機會，能夠闡述且深入我們的想法，再用實際案例為它們畫龍點睛？這類書籍也能包含「參考書」的元素並融入你的個人故事。但也因為這樣的彈性，使它成為一種比較難提供標準大綱的類型；然而，還是有一些守則可以派上用場。

- **導論**：你的讀者急切地感覺好奇或不安，這就是為什麼他們想知道你會怎麼行動。所以站在他們的角度想，簡單解釋你將在本書中如何啟發他們。分享你的資歷（他們為什麼該聽你的？），這部分應該包含你本身在該領域的經驗。
- **第一章**：討論你的主題的背景。為什麼它很重要？為什麼要現在說？你曾經有這樣的個人經驗嗎？它是如何改變了你的觀點？

- **第二章之後**：你的主題中的每一個要素，都必須有它自己的一章。有很多方式可以拆解，像是與你的核心論點相關的不同面向、你想要讀者採取的行動、依照年代，或是按重要程度。
- **結論**：以振奮人心的語氣作結——這是你的最後機會，來讓讀者感覺這個主題和他們切身相關，並鼓勵他們採取行動。

## 訪談集錦

如果你喜歡與人交談，這個書籍類型非常實用，尤其是它讓你得以相對容易地彙整出你的內容。它也讓你能夠引起自己領域中意見領袖的注意，和他們發展更密切的關係，對宣傳你的書以及建立事業檔案十分理想。不過，請不要以為這件事只是把一些對話記錄下來，然後放到書裡就結案了——你得把那個主題變得吸引人又有意義。這種類型有個缺點，雖然它看起來是個可以從別人那裡增加自己內容的好主意，但這正表示你寫的書的「巨星」並不是你本人——如果你是想建立自己的權威，可能就會有一些影響。

顯然你可以為每段訪談建立新章節，但你也能用依據主題編排的章節替代，在裡面談論自己的心得，再加上不同受訪者的實例。舉例來說，如果你問幾位財經專家「如何存錢」，你也許會想以整理過的主題來陳述，因為其中許多人給的建議都會很類似。如果你訪問的人是不同領域的專家，但全圍繞著某個中心主題，例如醫界各領域的專業人士談心理健康，就很適合把每位受訪者寫成一章。

- **導論**：讀者會從這本書學到什麼——書裡有什麼東西可以給他們？他們想要解決什麼問題？並簡短介紹一下這些受訪者的資歷，還有你們如何相遇（這部分也許有什麼有趣的故事）？
- **第一章之後**：每個訪談或主題都自成一章，前後分別加上你的介紹和總結。
- **摘要**：為你的讀者清楚說明重點，因為在書裡的很多地方，焦點都可能被模糊，這就是訪談的本質。
- **結論**：讀者學到了什麼？他們接下來該怎麼做？

## 如何選擇？

你會注意到這四種大綱類型可能重複：你的訪談書也許包含了參考指南、參考指南可能涵蓋了一些個人故事；而你用來引領思潮的書，也可能包含同領域其他專家的訪談內容。因此對於大綱類型，你不需要一板一眼，只要考慮到你的書重點會是什麼，再讓這些類型來引導你就可以了。

你選擇的書籍大綱，應該和它的目的緊密連結。你想要讀者們在讀完這本書的時候，想什麼、感覺到什麼，或是採取什麼行動？其中又是哪一個最重要？如果你想要他們採取什麼*行動*，那麼參考書指南也許最適合。要是你想要他們*思考什麼事*，勵志書籍會很有效。若你試圖激發他們的什麼*感覺*，自傳或故事為主的方式可能是正確解答。

還是覺得卡關嗎？轉移到你的書櫃或電子書閱讀器，大概看一下你最近讀過的書。哪一些你最喜歡，或是對你最有幫助？看看它們的架構是什麼，就能從中找到一些你想寫哪類型的書的線索。你也可以想想你的讀者。他們會欣賞哪種類型的書？你可以從你的讀者縮影來感覺一下；想想他們是哪些類型的人、你的書最適合他們生命中的哪

個階段，以及一旦他們閱讀完畢，你希望他們採取什麼行動、思考，或是有什麼感覺。哪一種大綱最適合他們？

**我們談到了：**

- 要發想你的內容及創造大方向的架構，心智圖和便利貼是最簡單的兩個方式。
- 專業書籍主要有四種類型，每一種都有自己的大綱：自我勵志或參考書指南類、自我轉變的個人傳記、當代思潮和勵志書，以及訪談集錦。
- 根據你最能幫助讀者的方式，以及你的主題要陳述的內容，來選擇你的書籍類型。
- 這些類別都有彈性，其中的要素也都能各自結合。

# 第七章
## 現在，可以充實你的內容了

了解你想說什麼

我旅行時一定會帶著日記，
每個人在火車上都應該有點好東西可以閱讀。

——奧斯卡·王爾德

此刻才是你開始為內容絞盡腦汁的時候。你知道自己想依循的大綱大概是怎樣，所以該是時候捲起袖子，確切計畫你在每一章裡想說什麼。「事先計畫」這項基礎到底有多大的幫助，不管強調幾次都不夠——拜託不要省略這個步驟。在我輔導人們寫書的時候，我感覺這通常是他們最抗拒的部分，因為在這個階段，大家都迫不及待想開始寫作。

問題是，我也見識過若不先規劃你的重點會發生什麼事——你的書會變得*難寫得多*。如果你知道你想說什麼，就只要把它打出來就沒事了；但當你不確定的時候，就得一直停下來思考，這是很重的心理負擔。另外一個好處是，你可以避免在寫到一半的時候，晴天霹靂地發現你必須切分內容、調整位置，或是以某個特定的段落來說，你

現有的材料並沒有你原先想得多。這可能會是消弭士氣的重大因素，也是導致人們放棄的常見原因。

你目前需要的就只是每一章的條列式重點，而不是用來解釋的長篇大論；只要能夠依序梳理你的想法，讓你知道接下來會怎樣就好了。事實上先不要寫得太細比較好，因為這部分完成的時候，你會想要的是一份兩到三頁的文件，看一眼就可以知道大概內容。

## 如何進行？

這裡有一章的範例，示範一些如何在一章中為內容建立架構的準則。請不要把它視為嚴格的範本，只要用它來確認你的書是否涵蓋成為好的章節的要素，就可以了。

- **讓你的讀者對你將陳述的內容有所準備。**可能是透過某個攫取注意力的誘因：一個故事、統計資料、問題、質疑，或是得以促使讀者注意他們即將讀到的內容的任何事物（進一步的細節請見第九章）。
- **介紹你的重點。**告訴讀者你會在這章談到什麼，為什麼要談這種內容？它為何重要？他們會學到什麼？

- **陳述輔助論點**。這些應該從你的重點延伸，更深入地支撐你的主題、提供例子，並且從不同角度來看本章主題。你可以在這裡使用副標題，尤其若你的書是參考書指南的話就更適合；這部分會形成你的章節主體。

- **故事與例子**。這些故事與範例應該在整本書裡適時出現，它們可以只是兩行的舉例，也可以長達幾頁。你如何納入它們，將視它們對本書的重要性，以及其所依據的大綱類型而定。例如傳記本身就是活生生的長篇故事，而會在訪談或指南派上用場的是較短的例子或個案研究。

- **結論**。總結一下你對讀者說了些什麼，還有你想要他們採取什麼行動（要是有的話）。

你不用以一模一樣的方式編排來每一章，但如果有哪一章和下個章節迥然各異，讀者們就會感覺到不一致。想想看你最喜歡的影集，也許是一齣每週的主題調性都相同的偵探劇，以某個場景開頭之後，接著新角色和熟面孔之間的緊湊對話，然後我們可靠的偵探上場⋯⋯諸如此類

的。如果你打開電視開始看，卻完全不知道接下來大概會怎麼演，就會因為自己的不確定感而分心，對內容也沒那麼專注。舉例來說，在帕特‧弗林的《這個點子有搞頭嗎？網路創業大師讓你的點子變現金》中，他在每一章運用路線圖的方式就很一致，總是在開頭用一個迷人的故事吸引讀者，接著繼續解釋他希望讀者學到什麼。

一旦每個章節的重點都條列完成後，就該確定一下每一章的概略字數。你可以用整本書的總目標字數，再用你想要幾個章節、以及在每個章節中要分享多少資訊來拆解計算。每個章節不一定非得一樣長——這不但不可能，也沒什麼吸引力——不過基於上述原因，你的目標應該是在合理的範圍內保持一致。

說到保持一致這件事，有些人擔心和他們的整個專業領域對照之下，自己的大綱似乎有點不平衡。例如你可能是一個擅長掌控場面，並用容易記憶的方式傳達重點的講者；但說到如何製作顯眼的視覺輔助素材，就不是那麼有經驗了。你的大綱很有可能會強調前兩個要素，卻在第三個要素上著墨較少。可以這樣嗎？當然了——因為你的專業書籍反映出的是*你本人*，不是一位樣樣精通的虛構專

家。找出一個以你的專業為中心來打造作品的方式，不要太擔心你沒那麼擅長的部分，要相信其他人會針對那些主題寫出最完整的書。你也許還是會想納入這些部分（而且這是請同產業的意見領袖，給你的書一點支援的好機會），但不用覺得你必須為這整個世界呈現出最完美的一面。

## 如何避免流失25%的讀者？

你知道我們每個人都有自己偏好的學習方式嗎？當我發現這件事時，簡直出乎我的意料，而我也在這個過程中，了解到關於自己的許多事情。如果你的書的目標在於改變讀者的思考與行為模式，就必須滿足每一種不同的傾向，感覺很難；但一旦你了解其實主要類型只有四種的話，就變得很簡單。

- **為什麼**：我們之中的有些人，在願意投身開始實踐之前，必須先知道我們為*何*會被要求換個方式思考，否則不會理解該這麼做的點在哪。
- **做什麼**：而我們之中的另一些人不太在乎原因，不

過會想知道要*做什麼*。要是我們在學新東西，卻沒人告訴我們它涵蓋了哪些動作或概念，就會覺得氣餒：「只要告訴我要做什麼，我就會滿意了。」

- **如何做**：然後還有一些人，覺得有人告訴他們怎麼做，是很重要的。對他們來說，光是知道做什麼並不足夠；如果他們得自己想辦法找出如何進行，就會覺得挫折、興趣缺缺。

- **如果？** 最後還有一些人，是當他們遇上新概念的時候，會極度渴望知道它們在現實生活中是怎麼運作的；什麼可能會成功，什麼又可能會失敗？理論對他們來說並不夠，他們需要的是真實案例。

你是哪一類型的人？我是傾向於「為什麼」的人，因為若我不知道自己為何要做某件事，就會覺得很難產生去實行的動機。我也不是「如何做」類型的人，我寧願自己想辦法找出那個部分；這表示如果我得向別人解釋「如何」做某件事的話，會很容易覺得厭煩。因此，若我在寫作的時候不夠小心，就會花太多時間寫「為什麼」，然後完全漏掉「如何」——我生來就是這種傾向，花點時間找

出你的。

這樣你就知道在書裡全面照顧到這四種偏好，是多重要的事，而且這指的不只是一整本書而已，更關係到每個章節，以及你在其中陳述的每一個重點。作為開始，你應該告訴讀者「為什麼」你要說的事很重要，向他們解釋該做什麼、建議他們如何進行，並且確保你納入了一些可以在其中闡釋想法的實例或情境。這聽起來很像老套的公式，但表現出來的不一定絕對是這樣。我已經盡力在本書中滿足這四種學習類型的需求，但也沒奢望你會注意到。

來看個簡單的例子。「當你在管理『人』的時候，如果他們知道你是把他們視為一個完整的人來關心、而不只是某個團隊成員而已，他們就會為你鞠躬盡瘁（*為什麼*）。跟他們聊聊他們的家庭和週末計畫是個好方式（*做什麼*），但試著保持輕鬆隨意——你不會想讓他們覺得你在打探八卦（*如何做*）。當我開始和團隊成員這樣相處的時候，我發現我們更相信彼此，在一起工作也更快樂（*如果這麼做的話？*）。」

## 用你手邊現有的材料

稍早我提過把你已經寫好的內容，拿來用在書裡。如果你分享你的專業已經有一段時間了，在你整理手邊的東西有多少的時候，或許會感到很驚訝。網誌文章、演講、影片、Podcast訪談——數都數不完。有哪些東西是你已經做出來，可以好好利用的呢？

你也許會想，該如何整理並參考這些來源資料？這得視它們的性質和你的個人偏好而定。當我坐下來計畫這本書的大綱時，印出了我最近寫的至少五十篇網誌，然後幫它們編號，接著把每篇文章的主旨寫在編號旁邊。這讓我可以為我的大綱編輯出一份重點清單，而且每個重點旁邊都有編號過的文章，我就可以輕鬆地回去參考我已經寫過的內容。這意味著我並不是從零開始，我也是在使用自己手邊已經有的智慧財產。

你可以利用索引卡或像Evernote[18]一樣的線上剪貼工具。若你在外面走動，帶著用來捕捉想法的工具也會很有幫助，例如筆記本；或是把點子存在手機。其中一個我最喜歡、也不需要什麼高科技的方式，就是在手背上匆匆記

---

18　Evernote, www.evernote.com/

下靈光一現的任何想法。這通常發生在我健身的時候（我發現跑步機是超棒的靈感生成器），那裡的工作人員已經很習慣我瘋狂搶走他們的筆，然後在我忘掉之前，草草寫下之後可以讓我恢復記憶的提醒字句。寫在手上還有個附加好處，就是它永遠不會搞丟；有個朋友曾經告訴我：「要是妳把手弄丟，就真的麻煩大了。」

## 最後的檢查事項

你快做到了——幹得好！你現在知道開始寫自己的書需要什麼、要寫給誰、關於什麼內容，還有它將如何和你的事業相輔相成。進展還不錯，如果我的每一個建議你都照做，就已經把大部分直接一頭栽進寫作的其他專業書籍作者遠遠甩在後面了。你也應該都能符合以下這些敘述：

☐ 你知道自己的書要幫讀者、你自己，還有你的事業達成什麼目標。

☐ 你知道自己的書是寫給誰的，也能夠從目標讀者中，深度詳述一個範本讀者的樣貌。

☐ 你籌劃了一本你的讀者想要、而不只是需要的書。

☐ 與你的專業相當的資訊，構成了你的書的基礎。

□對讀者來說你的書無法抗拒，因為它回答了一個和他們息息相關的關鍵問題。

□你可以用一句話總結你的書將為讀者帶來什麼。

□對於書完成後的宣傳，你已經有一些想法。

在你更進一步前，確實寫下你的大綱和章節規劃，https://marketingtwentyone.co.uk/plan有現成的範本。現在花點時間做這件事，能夠提高你寫出曠世巨作的機會。

**我們談到了：**

● 在你開始寫作之前，規劃每一章裡面的重點十分重要——可以幫你省下很多時間和精力。

● 每個章節的格式和長度盡可能保持大略一致。

● 確保每一章的內容和每一段重點都涵蓋了「為什麼、做什麼、如何做，和如果？」這些要素。

● 繼續進行之前，再最後檢查一次你的寫作計畫。

# PART 2
# 寫作
# WRITE

# 第八章
# 寫得清楚明瞭

怎麼讓讀者看懂你在寫什麼？

把簡單的事情變複雜是家常便飯；但把複雜的事變簡
單、甚至是簡單得可怕，就叫做創意。

——查爾斯‧明格斯（Charles Mingus），爵士音樂人

我二十二歲時得到某個工作面試的複試機會，是在一
門口碑很好的管理培訓課程。我很渴望讓面試官印象深
刻——那時候有前景的工作寥寥無幾，我不想搞砸到目前
為止得來不易的少數機會。所以我穿上自己最體面（其實
也是唯一一套）的套裝，盡我所能地試著看起來認真與專
業。面試官是一位五十幾歲的和藹男士，感覺就是商場上
任何大小場面都見過。在最初的幾個簡單問題後，他微笑
著問我：「那告訴我吧，金妮，妳覺得對經理來說，被喜
歡和被尊敬哪一個比較重要？」這是個好問題，我已經準
備好我的答案了。「當然是被尊敬，」我回答。我想，畢
竟一個經理要是只是*被喜歡*的話，大家不就都會爬到他頭
上嗎？對吧？

結果我錯了。「妳的錯誤和其他應聘者都一樣。」他

盡可能保持親切地說，畢竟他是在給我當頭一棒。「想想看，妳曾經尊敬過妳不喜歡的人嗎？我是說，妳為什麼會想要服從他們？妳為什麼要相信他們？」

可惡，他說得對。因為除了極少數的例外，如果我們要去注意我們不太熟的人的看法，必須先確定他們是真心為我們著想。在我們拿起一本書的時候，如果我們和作者的關係融洽就比較容易相信他們。讓讀者對我們產生這些信任感的一個關鍵方式，是為他們把書寫得清楚並具說服力；清楚明瞭地顯示我們尊重他們的時間和注意力，而說服力是我們觸及他們情緒的方式。（免得你還在想東想西——告訴你，我還是應徵上了。）

正如同我們所看到的，增加信任感是說服的一項關鍵要素。但要是讀者一開始就不知道你在對他們說什麼，那麼讓他們站在你這邊是沒有用的。這就是為什麼「清晰」是我們首先該著手的事。我會在這章教大家如何寫得清楚，接著在下一章說明要怎樣才有說服力。

要寫得明白易懂必須具備三個要素，而且就如同我們對一切有清楚脈絡的事物所抱持的期待一樣，它們都是循序漸進的。

1. 打造一個符合邏輯的整體架構。

（這你在第六章就學會了。）

2. 安排重點。

（你在第七章已做到一些，這裡將會更進一步。）

3. 以簡單易懂的方式將它們寫下。

（這一章也會提到。）


任何時裝設計師都會告訴你絢爛的成果有賴於健全的基礎，寫書也是一樣。之前你已經學會在每一章中，如何條列式地建立你想陳述的重點了。在你完成的時候，稍微看一下它們的順序。你會讓讀者在哪個時間點「參與」？你的書的每一個章節，都必須在他們*已經在進行自我對話*的同時，伸手與他們接觸，而不是等到你以為他們才剛要開始的時候。這是讓你的訊息無法抗拒的方法——你給讀者的是他們在尋找的，而不只是你覺得他們應該要找的。

為了更明白這件事，想像你的讀者沿著一條熟悉的鄉間小路漫步，這裡的景致他們已經一清二楚，每個峰迴路轉都引導他們到之前曾經去過的地方。但當他們走到一個轉角，面對一片無限遼闊的景色（甚至可能是一片懸崖）

時，卻發現帶著他們走到眼前這一步的所有知識，現在已經幫不了他們了；所以要不要為他們打造你的入口、提供他們所需的方向，就是你的選擇了。

你的下一個任務是從那裡開始安排指引，讓它們可以自然銜接。你的目標在於給讀者他們接下來會需要的訊息，來抓住你思考的軌跡。進行這件事的其中一個方式是想想看：「如果我是讀者，我接下來、接下來再接下來，會想知道什麼？」接著，在你排列出一個順序之後，想像自己跳上直升機，在你所列出的重點上方盤旋。你會看到什麼？是一連串的地標像江河匯入大海一樣，和諧地彼此連結；還是完全不搭嘎的元素變成一個大雜燴？因為每本非文學書籍的目標，都是說服讀者相信些什麼，這也代表著現在重要的是說服力。若要有說服力，你的論據必須得有道理。

等你的重點排序都正確，就可以開始寫作了。只要說出你對每個小主題的想法，在目前這個階段還不用擔心它是不是精雕細琢，此刻的目標就是把字放到紙上。等到你寫好一整章的初稿，也許會覺得需要做點變動——事實上你應該會這麼做。書寫能夠釐清思考。例如，X 應該擺在

Y之後、而不是之前，甚至該把它移到另外一章——可能就顯而易見了。事先計畫能夠讓你做到這個地步，但絕對不僅只我提到的這些而已。

## 寫得明白易懂

我總認為一說到清晰的寫作，記者本來就有其優勢，因為他們所受的訓練，是在必須讓讀者不用費盡心思以求理解的前提下，來傳遞事實。下次你遇到媒體素材的時候，不管是新聞或深度報導，只要仔細閱讀一下，就可以從他們身上學到很多。但如果是我們這些凡夫俗子，要怎麼寫出簡潔明瞭的文字呢？如果你想讓自己的寫作淺顯易懂，這裡有一些重點得銘記在心。

### 小心知識的詛咒

我最近看了一部超爆笑的影片，是兩個青少年要達成用老式轉盤電話機打電話的挑戰[19]。我還記得自己才十幾歲的時候，坐在我家走廊，用這種伸出一條捲線拴在牆上

---

19 '17 Year Olds Dial a Rotary Phone', *Interesting Engineering*, www.interestingengineering.com/video/watch-two-teenagers-try-to-dial-a-number-on-an-ancient-rotary-phone

的機器講電話。所以這實驗怎麼了？首先是這些男孩根本不知道在撥號*前*得先拿起話筒（也是啦，他們幹嘛要知道？）接著，他們吃力地試圖扳動轉盤上的數字，學著怎麼扣住轉盤旋轉，然後再放開。他們頑強地奮戰，但實驗了幾分鐘後，還是無法完成任務。

這就是知識的詛咒的完美例子。若你已經做某件事情做過幾百萬次，就很難想像對它還很陌生的人來說，會是什麼感覺。你必須視讀者的專業程度而定，從你的主題後退一大步，想像一下如果你是他們會需要被告知什麼？要是你留下了缺口，他們就會被搞得很困惑。測試你是不是在正軌上的最好方式，就是在你的目標讀者群中詢問幾個人，看他們懂不懂你在寫什麼。你也許會很驚訝有什麼東西可能被漏掉了。

## 保持切合題旨

你應該要能說出每一段的目的。究竟為什麼要寫它？又為什麼要寫在*那裡*？離題瞎扯是最容易讓讀者混淆和不耐煩的。如果你發現自己離題了，稱讚自己一下，因為你剛剛發現一件超重要的事：你並不完全了解自己到底想說

什麼。沒關係，這是常有的事——只要再次檢視你的想法，自問是不是真的需要它們就好。如果這些內容是有必要的，那它們擺放的位置正確嗎？

如果你擔心自己不夠切題，試試看閱讀你的草稿章節，照你寫好的順序記下每一段的重點。接著把這些重點獨立出來整個讀過一次，看看順序是否合理。要確定你的內容架構如同預期般地前後連貫，這是一個很棒的方式。

## 使用平實的語言

我沒有要幫你上文法課，因為那樣很無聊；但請注意不要用笨拙累贅的句子和段落，讓讀者頭暈腦脹。

我最近讀到一篇報紙投書，對負責處理這封信的人非常同情：

Although there is a clear 'Stop' sign posted for bikers and pedestrians, and they're not supposed to cross until the ramp is clear, if a motorist is coming around a curve and sees a person or a biker approaching the ramp, instinct may kick in, causing the motorist to swerve, stop, or react negatively in order to avoid the possibility of hitting him, which unfortunately may cause another collision altogether.

雖然那裡有清楚的「停止」標誌貼給腳踏車騎士和行人看，在斜坡淨空之前他們也不應該穿越，如果有機車騎士轉彎過來又看到行人或腳踏車接近斜坡，可能會有個直覺，害機車騎士急轉彎、煞車或有不好的反應，為了避免撞上他的可能性，可能又會倒楣地造成其他碰撞。

我在心裡試著繞著這句子把它看完，但覺得暈頭轉向。

若文法和文字的流暢度不是你的強項，別擔心，一位優秀的審稿人員、甚至是代筆作家，在這裡都幫得上忙──目前只要把這個因素列進你的計畫和預算中，我們

稍後會再討論。

## 避免太緊湊

　　如同休止符是構成音樂的一部分，留白也是寫作的基本要素，賦予作品形狀和節奏。所以，藉由用副標題、條列式表達與段落來分段，幫助你的文字呼吸吧。別指望讀者會奮力地把密密麻麻的大量文字看完。你的文字周圍的空間並不會引起讀者的注意，他們只會在閱讀時有輕鬆的感覺，更有可能好好地欣賞並理解你的書。

## 停頓效果

　　再次用音樂來舉例，標點符號和句子長度之於寫作，就如同指揮棒之於演奏。若全部只有言簡意賅的短句，感覺既挑釁又單調；但如果全都是花俏的長句，感覺起來又有點像在糖漿裡跋涉前行。然而，如果用正確的方式將它們結合，你就得以完美地強調最重要的事物。沒有什麼比突然改變節奏更能吸引注意力，所以如果你有一個強而有力的論點，就把它寫成短句，別加任何潤飾。如果你想要鼓勵讀者去仔細思考更為複雜的論述，就好好利用短句、

分號和逗點。

現在你已經了解如何清楚地寫作，該是帶上你的文字，對它們揮舞魔法棒的時候了。你將學到如何寫得有說服力這門迷人的藝術，無論透過哪一種管道，這項技能都可以改善你的溝通能力，更能進一步提升你的影響力層級，程度遠遠超乎你的想像。

**我們談到了：**

- 寫得清楚明瞭是一個將讀者引導至你的思考方式的關鍵要素。
- 確定你的重點排列順序不只是對你、也對讀者有意義。
- 要讓讀者了解你的寫作，可以透過適當的說明、使用清楚的語言，並且思考如何組織你的句子。

# 第九章
# 寫得有說服力

如何征服你的讀者？

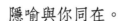

隱喻與你同在。

——哈維・明德斯教授（Harvey Mindess），
作家兼心理學家

我曾經聽過一位高階外交官，把外交這件事描述成
「讓其他人照你的方式做事的藝術」。說服也可說是同一
件事，而且若你的工作是以幫助他人脫離某個處境為中心
的演講者、教練或是意見領袖，你會對它的力量很熟悉。
你會了解說服力並不來自於你告訴某人他們應該做什麼，
而是因為你為他們鋪好了一條路，他們只能不由自主地跟
著你走。若你知道如何在寫作中辦到這一點的話，你的書
將會成為一股改變的力量。

## 撰寫前言

前言通常是人們覺得最難寫、但也是最重要的一章，
因為它會影響讀者要不要買下並閱讀你的書，不成則敗。
等到他們看過你的書名、封面和名人推薦之後，他們會快

速翻動（或捲動）最前面的幾頁，看看你是不是他們想要借鑑的那種人。稍後我會解釋一些原因，告訴你為什麼在寫書的其餘部分之前先寫前言並不是個好主意。但以我輔導客戶的工作經驗來說，我知道你也許會想這麼做，所以現在還是先來談談怎麼寫一段引人入勝的前言。

告訴我，你上一次讀完某書的第一段，然後在心裡想，「嗯，這看起來很無聊，但我肯定內容一定有一些有用的資訊。我要買下它，強迫自己從頭到尾讀完，即使它讀起來很要命」是什麼時候？我猜這種事從來沒發生過吧。這讓我領悟到前言的真正目的——吸引讀者的興趣並且贏得信任。你想要吸引並說服他們：如果不立刻買回、讀完這本書，他們的人生就會被影響。很多作者會利用前言來闡述書的主題，還有他們為什麼及如何寫它；但這些並不是說服人們在書上投資時間與金錢的因素。老實說，你的潛在讀者才不在乎是什麼動機，讓你花三年的時間來打造你的史詩級巨作；除非等到你讓他們相信他們會從中獲得什麼有用的東西。

所以，為什麼一本書的前言應該要放到最後一章才寫？因為你是在為讀者布置本書的舞台，很難在其他部分

完成前就寫。而且，在你寫其他內容的時候，寫作風格就會進步；既然前言是整本書最重要的章節，最後才開始寫也很合理。

你要怎麼寫前言，才能說服讀者買你的書？以下是一個派得上用場的架構：

1. 在頭幾行就告訴你的讀者這本書是關於什麼。換句話說，就是你能解決什麼問題，或是要探討什麼主題。他們一開始就想知道這本書對他們來說有沒有好處。

2. 對他們將心比心，流露出你懂得他們的痛苦或好奇；「人們不在乎你知道什麼，直到他們知道你在乎為止」這句話用在這裡就很中肯了。同時，你也得清楚表達你很了解目標讀者，因為他們必須很篤定這本書是為他們寫的。你該慶幸「錯」的讀者會在這個階段離開你。

3. 簡單地談談你的解決方法或解釋，這就是你書中的「寶藏」。

4. 說明你為何可信：是什麼讓你有資格寫這個主題？

5. 告訴讀者他們會從書中學到什麼：建議、資訊、樂趣或是知識。寫得具體，然後畫個大餅。

6. 鼓勵他們立刻往下讀——創造急迫感。

你的前言也是個說相關故事的好地方，因而激發繼續讀下去的興趣與欲望。不過這裡通常不會是你傾訴整段人生故事的好所在——如果有需要的話，晚點再寫吧。

## 讓他們上癮

你在前言獲得的注意和信任並不是一勞永逸——在接下來的每一章，你還是得繼續努力爭取。把自己想成一間有會員集點制度的大賣場，不只是在顧客第一次上門的時候才回饋客戶，而是每次他們回店購買時都要這麼做。要做這種回頭客的生意，就意味著要有說服力。這有兩項要素：用你*寫作*的方式來說服讀者，以及創造*有趣的內容*，這樣他們才會想讀下去。

好消息是，如果你想要成為一個有說服力的作家，只需要做一件事，就是設身處地為讀者著想。問問你自己，你所談論的對他們有沒有意義，以及你能不能扭轉他們的感覺。因為要是在情感上沒有轉變，那麼一切都不會改變。身為一個專業書籍作家，你的任務通常是啟發讀者去*做*一些不同的事，但要做到這點，他們必須先有不同的*感覺*。

因此，察覺讀者如何思考和感覺就是關鍵，但要寫得具有說服力，還是有一些你會喜歡的其他訣竅和技巧。

## 強而有力的開頭

一個章節的結束和新一章的起頭自然會形成一個停頓點，讀者會在這裡思考要不要繼續讀。所以，每次你開始寫新的一章的時候，就得預期他們會做決定。機靈的專業書籍作者都有個簡單的策略，能讓他們的書令讀者愛不釋手（unputdownable，如果真的有這個形容詞的話），也就是在每一章的開頭放個誘餌──可能是個故事、令人吃驚的統計、頗受爭議的事實，或是一個挑釁的問題──任何可以引起讀者的好奇心，促使他們繼續閱讀的東西。一旦他們讀了那章的第一頁，通常就會把整章都看完。

## 內容明確

相較於廣泛的通論，人們會比較願意記住和信任明確的內容；若讀者相信你，你的書會對他們有很深的影響。這意味著明確的元素，例如引文、統計、真相或案例必然會讓你的寫作更具說服力。

內容明確也代表著具體化，以寫作而言，就是你描述事情的方式能讓讀者透過感官去體驗，而非理性的心智。常見的例子有：以「在虛線上簽名」來取代「同意合約」，或是用「我聞到老鼠味」來取代「事有蹊蹺」。正如同麗莎・克隆（Lisa Cron）在她的書《大腦抗拒不了的情節：創意寫作者應該熟知、並能善用的經典故事設計思維》提到的一樣：「不能夠出現在你腦海裡的，就是故事的普遍元素。你看得見的，就是具體元素。[20]」

我最喜歡用喜劇演員如何表演，來說明具體性的力道有多強。喜劇演員是具體描述的大師，因為他們知道這會激發強烈的回應。維多利亞・伍德（Victoria Wood）的近期作品是我的參考範例，它好笑的原因很多，但其中之一是因為她處理細節的方式非常獨特。她因此讓觀眾捧腹大笑，但你也許可以讓讀者覺得被觸動、被理解、印象深刻或是深深感動。我忍不住要和你分享一些例子：

---

20　Lisa Cron, *Wired for Story*, Ten Speed Press, 2012.（2019年大寫出版）

- 「前戲就像漢堡肉排——兩面各煎三分鐘。」

  （我的笑點在那個「三分鐘」，還有漢堡肉排正在翻面的畫面。）

- 「你知道倫敦的那棟大樓嗎？所有窗戶都爆開的那棟。不是因為有炸彈，而是有五十六個經前症候群的女人，偏偏那天熱可可機壞掉」。

  （一定要是五十六個。）

- 我曾經和一個真心熱愛DIY的人上床……他把身上的衣服全扒光，然後問：「妳想要我做什麼？」我說：「嗯……其實我想要你把溢水的地方修好，再重新幫磚牆抹上水泥。」

  （如果她說「居家修繕」，好笑程度就差多了。）


對維多利亞來說，餅乾永遠都不只是餅乾，而是馬卡龍；雜誌永遠都不只是雜誌，而是《女性週刊》（*Woman's Weekly*），DIY永遠都不只是DIY，而是幫管線上隔熱材料。

所以，請試著避免概括性的敘述，例如「你們的團隊可以改善溝通技巧，這樣做事就會更有效率」——這種東

西讀者就會覺得不知所云。不過你可以舉一個客戶的例子，分享他們的營收成長了多少百分比，或是能夠佐證你的論點的統計數字。你甚至可以說個誰可能做了某件特定的事來增進他們的溝通技巧，因而達到某個成果的故事。你會令人難忘，而且讀者也會相信你，因為你對他們說的事的確辦到了。

## 使用隱喻和畫面

我的書櫃上有一本書：安妮‧米勒（Anne Miller）寫的《帶著冰山的高䠷女子》（ *The Tall Lady With the Iceberg*[21]，暫譯）。怎麼樣，這個書名夠難忘吧？這本書恰到好處地陳述了為何你在寫書、簡報（以她的情況來說）或演講時，都應該使用隱喻、明喻和其他意象。通常，要清楚又好記地傳達一個複雜的想法，最好的方式就是用譬喻來描述它，讓譬喻來為你的想法做這些吃力不討好的工作。

除此之外，與其給讀者抽象的解釋，不如幫助他們把某些事物視覺化，會對他們的思考比較容易。如果他們花愈少的心力去吸收你寫的東西，就更有可能抓到你的重

---

21　Anne Miller, *The Tall Lady With The Iceberg*, Chiron Associates, 2012.

點。就像馬迪‧格羅思（Mardy Grothe）在另一本關於隱喻的出色作品《我從不暗喻自己不喜歡的東西》（*I Never Metaphor I Didn't Like*[22]，暫譯）裡所說的一樣，在人們創造隱喻的時候，表面看來不同的事物，卻找得到共通點。好的隱喻就像橋樑，連結被水體或深淵隔開的土地。一旦橋樑搭建好了，人們就得以自由往返。

也許你想到要為自己的寫作創造影像就望而卻步，因為可能很難發想出適合的，不過這裡有個讓它變簡單的方式。我們來看看你可以如何為描述主持團體輔導課程的挑戰選擇一個隱喻。

1. 列出團體輔導課程的特徵，可能包含以下幾點：

- 掌握人群；

- 感覺你好像得讓所有人都滿意；

- 為你的觀眾「展演」。

2. 想想看其他與上述各特徵類似的場景。例如：

- 維持所有學生秩序的教師；

- 覺得必須把時間公平分配在每個孩子身上的家長；

---

22　Mardy Grothe, *I Never Metaphor I Didn't Like*, HarperCollins, 2008.

- 舞台上的演員。

3. 用細節檢視一下其中哪個場景最適合你：

- 老師是很類似，不過這也暗指教練直接告訴客戶要做什麼，但輔導並不是這麼運作的；

- 主持團體輔導課程和為人父母的共通之處，在於關懷就是這個角色的天性，但做父母是一輩子的奉獻，不是一次輔導就可以結束的；

- 似乎又有點像演員，但比起輔導的高度參與，演員比較像是為觀眾表演。


這些隱喻都有缺點，但你可以用父母來類比，再稍微調整，讓它在某種特定情境下說得過去；像是一位煩惱要參加女兒的班級演出還是兒子的足球賽而左右為難的父親。這樣就行得通，因為這兩個場景有所關聯：「主持團體輔導課程的感覺，有時就像左右為難的老爸，你是要參加女兒的班級演出？還是兒子的足球比賽？你擔心若把注意力集中在一個人身上的話，會讓其他人覺得被忽略。」

## 盡己所能去寫

　　既然我們討論的主題是信任，還有另一個方法可以讓讀者自願進入你的世界，就是盡全力寫。有很多方式可以辦到，我們會在這裡探討。

### 寫得像「你」

　　若你的書讀起來彷彿出自另一個作者的手筆的話，看起來就像抄襲。沒有人會故意想這麼做，但這是很容易犯的錯誤。當我們對自己的寫作風格不是非常有自信的時候，預設選項就是會無意識地模仿其他我們欣賞的作者，或是重提我們在校時寫的學術論文。然而，我們的教授和讀者之間有非常重要的差距：教授是拿了薪水才來看我們的作業的，但讀者卻不是這樣。

　　你常聽到作家說「找到你自己的聲音」，但它到底是什麼意思？這是一個很難解釋的概念，但對我來說，這就是要你聽起來像你自己，只不過現在說的是在一本書裡面。那個人不是朋友會在附近咖啡店遇到的「你」、也不是深夜幫孩子蓋好被子時，他們所認得的「你」；甚至不是電子郵件收件人或Facebook好友認識的「你」——而是

一個在以半正式的方式寫作時，會使用自然浮現出的字句的你。換個方向想，就是找出哪些不是你。你不是講者或老師，也不會用冗長的詞和複雜的句子——就只因為你以為這可以讓你看起來似乎很重要。相信我，你的想法不需要天花亂墜的宣傳，就已經很值得注意了。

所以，要怎麼寫得像你呢？只要你在寫下字句的時候，想像自己在對認識的人講話就好，寫就對了。你也可以把自己的語音錄下來，接著再轉成文字（或是用聽寫軟體幫你轉換）；只要整理一下、把格式調整好之後，你寫作的聲音就完成了。當讀者感覺你是私底下和他們交談，而不是對著一整個教室的學生說話時，所造成的差別會讓你大吃一驚。

## 寫給你的讀者

使用被動語態是很容易犯的錯，因此小心一點還是有好處的。被動語態指的是不用主動的動詞→你可以籌辦工作坊來吸引客戶，而用被動的方式來說同一件事→用來吸引客戶的工作室可以被籌辦。這種寫法通常出現在學術論文中，或是一些不知疏離效果（distancing effect）為何物

的作家著作裡。如果你不想看起來像個老學究，我建議你盡量避免。

舉個例子：「這問題倘若要被提出得更精確，就是你的領導地位是不是遇上危機了？」我們很難知道這個作者到底在說什麼，甚至根本不在乎。他是在跟我們（讀者）說話，還是在自言自語？他為什麼非得聽起來像站在講台上一樣？他讓我們覺得當我們需要他陪在我們身邊，雙手環抱我們的肩膀給予鼓勵的時候，卻丟下我們孤零零地站著。也許他可以這樣換句話說：「我想問個問題，你的領導地位是不是遇上危機了？」現在，他就是直接對著我們說話，這樣我們就會感興趣，覺得有參與感。

## 貼近個人

你寫作的時候是否有這種感覺，覺得你已經忽略了你的理想讀者？線索是，你不確定要不要納入某些內容，或是發現自己想著一大群毫無規律的讀者，而不是只想著一個人。試著把那個目標讀者找回你的心思裡，把所有的話都對著那一個人說。你會對自己聽起來變得有多直接、溫暖和風趣（內容會更切題、更有吸引力）感到滿意。

## 內容豐富

你的書內容夠豐富嗎？我指的不是充足的字數或頁數，而是足以撐起一本書的論述？空洞的寫作可能會在你最沒想到的時候出現得愈來愈頻繁，像是你發現自己講的話愈來愈空泛，或是說出來的論點沒有任何引證可以支持。問問自己你是否可以納入下列任何一項，來讓你的重點更有信服力：

- 個人故事或個案研究；
- 讓內容更加清楚有趣的隱喻；
- 能夠支持你的論點的統計和事實；
- 如果插圖和圖表可以加分的話，也一起放進去；
- 舉一些其他人如何依照你的建議執行的實例。

## 避免語助詞

我們說話時常用很多語助詞和贅詞，像是「事實上」或「真的」，這其實沒什麼關係，但寫作的時候必須盡量避免。因為它們會將注意力從內文的意義轉移，甚至會讓你聽起來含糊不清、猶疑不定。這些詞有：

- 真的（really）
- 事實上（actually）
- 很可能（probably）
- 相當（quite）
- 確實（truly）
- 非常（very）
- 總之（anyway）
- 確實就是……（literally）
- 幾乎（almost）
- 超棒的（great）
- 好的（good）
- 壞的（bad）
- 我認為……（in my opinion，因為整本書本就都是「你認為」）

　　這些語助詞不但無法撐起你的寫作，甚至會造成阻礙，因為它們要不是平淡乏味毫無意義，就是常見到已經變成廢話了。當你下次很想寫出「我認為事實上它是一個

把輔導工作做好的超棒方式」時，試著找出其他更具穿透力的特定詞彙。改成這樣如何？「想成為客戶源源不絕上門的教練，這是最有效率的方式。」你覺得哪個選項聽起來比較有說服力？

## 盡量避開陳腔濫調

噢，老梗——寫出來的時候多輕鬆啊，但不費吹灰之力就令人生厭。它們就像舒服的沙發，在你又累又趕時間的時候，已經準備好要當你的退路，好好把你接住。偶爾使用是沒什麼問題，但若你有意識地努力避免的話，作品讀起來會變得比較有趣。看你是否要在最後編輯的時候，來一段揪出老梗的單元。

## 謹慎使用縮寫[23]

在釐清某個主題或概念的時候，縮寫可能會很有用處，前提是你要小心以下的警告。只有在它們能夠為你和讀者簡化問題的時候，才有運用的價值。我輔導過一些作者，他們就是嘗試要為他們書中的架構想出縮寫，結果被

---

23　因應中文用法修改，此段小標原文為Treat acronyms with care，TWAC。

困在死結裡；當他們想要的字詞不完全符合他們想說的就會造成他們各種麻煩。

我想起幾年前和我先生在籌備婚禮時的對話，距離我們的大日子只剩幾週，我卻發現自己沒來由地因為桌上要放什麼顏色的餐巾而焦慮。「現在我在擔心餐巾，」我告訴他。「快點阻止我。」他雙眼往上看，然後冷靜地用他最不動聲色的搞笑風格回答：「對啊，每個人離開我們婚宴的時候都會說，『今天太棒了，看見他們結婚真好。可惜餐巾很糟！』」

那正是我需要聽到的。同樣地，沒有人會讀完你的書然後說，「真是本發人深省的好書，可惜沒有用到*縮寫*。」要是沒有這個東西，讀者也不會惦記，所以要是它已經快讓你想破頭，那就饒了自己，放棄這個念頭吧。

## 擺脫贅詞

就像史蒂芬・金在他的《史蒂芬・金談寫作[24]》中所說的一樣，「到地獄去的路是用副詞[25]鋪成的。」但老師

---

24　Stephen King, *On Writing: A Memoir of the Craft*, Hodder Paperbacks, 2012.（繁體中文版：2002年商周出版）
25　編注：因應中文用法修改，此段小標原文為Ditch the adverbs。

總是教你用它們來讓你的寫作更精采，對吧？我相信它們的確有這個作用，也不需要把它們完全刪掉，但你想想看：這些贅字的作用通常是避免在一開始就用上比較強烈的動詞，這表示它們可能成為另一個湊數的詞。

有些贅字通常也會被拿來湊字數：「這整個很不實際。」我們需要「整個」這個詞嗎？它有任何有用的貢獻嗎？沒有的話就刪掉它。

### 不要一直重複

我們都有自己最喜歡的詞，而且真的超愛一直、一直、一直用。我知道自己最喜歡的其中一個詞是「很棒的」（great），而且它也是個很沒說服力的詞——咳咳！但我有察覺到這件事，也試著避免，除非有什麼好理由。這就是為什麼找個文字編輯讀完你的初稿會很有幫助，因為他們客觀的雙眼，會比你的還容易揪出這些有問題的重複字詞。

## 利用故事的力量

當Facebook的執行長雪柔‧桑德伯格於2010年在TED

Talk發表的知名演說〈為什麼我們的女性領袖太少〉時，她本來想要用數字和資料塞滿整場演講。觀眾很幸運，因為她在演講之前，向朋友簡短地吐露了一下心聲。雪柔告訴她，她女兒因為媽咪又要飛去參加另一個論壇而沮喪，所以在她離開去機場前，緊緊抱著她的腿不放。雪柔說，這是每個母親都得面對的罪惡感。那個朋友說服她把這段故事加到演講裡面，結果她和觀眾之間建立的情感連結，層次有如天壤之別[26]。

通常在專業書籍裡加入故事，是把它從「一本還不錯的書」，變成傑作的因素。事實上，有些專業書籍從頭到尾都是故事；伊利雅胡・高德拉特（Eliyahu Goldratt）的《目標：簡單有效的常識管理》就是個精采的例子，成功地讓製程改善變得有趣易懂[27]。

為什麼故事的力量這麼強大？

26 'Why We Have Too Few Women Leaders', *TED*, www.ted.com/talks/sheryl_sandberg_why_we_have_too_few_women_leaders?language=en
27 Eliyahu M. Goldratt, *The Goal: A Process of Ongoing Improvement*, Routledge, 2004.（2006年天下文化出版）

## 因為故事讓人記憶深刻

想想看你讀過的那些裡面寫了很多故事的非文學書籍——我敢打賭比起你學到的知識，你會比較記得故事。那是因為從很久很久以前，我們久遠的祖先圍坐在營火邊，和同伴分享今天遇到的危險和戰利品時，我們就已經注定會被故事吸引了；我們就是忍不住想知道接下來會怎樣。那個下游山谷來的討厭穴居人，是不是打輸毛茸茸的猛瑪象，正好變成牠的甜點了？還是結果是猛瑪象變成甜點？如果你想要讀者記得你告訴他們什麼，就用故事來說明你的重點。

## 因為故事可以讓讀者透透氣

故事會為你的書帶來生命和刺激。它不只透過增加多元性來讓你的敘述不那麼緊湊，還可以藉由把觀眾帶到一個不同的世界，來注入一劑想像力。當你在真實和故事情節之間切換時，能夠刺激讀者的大腦，讓他們以不同的方式回應。我們的心智愈是被一本書吸引，就愈有可能繼續讀下去。

## 因為故事能增加可信度

如果你想說服觀眾你是幫助他們的最佳人選，比起乏味的知識、甚至是明確的建議，你個人的故事更能顯露許多和你相關的事。當你講述自己如何在工作情境中幫助某人時，讀者可能會很相信你說的其他事情，無論是什麼。

## 因為它們的效果經過科學驗證

普林斯頓大學的研究人員發現了一件人在聽故事時會發生的神奇現象[28]。個人的故事會導致說和聽的人雙方大腦表現出他們所謂的「腦電波同步」（brain to brain coupling）。換句話說，講述個人的故事，會讓你和你的讀者保持同步。

所以故事很重要——事實上，它對任何專業書來說都不可或缺，也是最有可能難倒專業書作者的因素。「我有故事嗎？該用什麼故事？還有要怎麼說？」記得，故事並不一定非得是你周圍發生的事——它可以是個案研究，也可以舉你幫助過的某人作為例子。它就只是一段有頭有尾

---

28　Carmine Gallo, 'How Sheryl Sandberg's Last Minute Addition to Her TED Talk Sparked a Movement', *Forbes*, 28 February 2014.

有中段的敘述而已。你可以藉由回想你和別人的互動（不管是因私或因公）來發想故事。瀏覽客戶的感謝信和聯絡人清單，看能不能回想起什麼蛛絲馬跡，也可以直接問客戶。而且——這很重要——如果你人在外面卻突然靈光乍現，就把它記下來。我有一份存放所有故事點子的筆記，還有它們可以用來說明哪些重點的一些想法。

## 如何說故事

光這個主題就有必要寫一本書了，也的確有很多書以此為題。若你想成為專業書籍作家的目標，推薦琳達·麥克丹尼爾（Lynda McDaniel）和維吉尼亞·麥卡洛（Virginia McCullough）的《說故事工具箱》（ *The Storytelling Toolkit*，暫譯）。裡面說明了成功故事的六個步驟[29]。

- **誘因**。這能把讀者的注意力集中到你即將告訴他們的故事上面。對他們來說裡面有什麼？他們為什麼會想繼續讀？你需要一些有吸引力的東西來誘惑他們。

- **設定場景**。你的故事情境是什麼？用感官細節讓它

---

29　Lynda McDaniel and Virginia McCullough, *The Storytelling Toolkit*, E-book.

活靈活現，不管是用「很久很久以前」或是突然讓讀者闖入情節的最高潮，哪招都行。

- **衝突和難解的錯綜複雜**。在你的故事中，核心的痛苦是什麼？什麼是你的主角掙扎著要克服的？

- **故事發展**。解釋一下情況如何進展，包括誰做了什麼。

- **解決**。它的結尾是什麼？藉由清楚的結論，來滿足讀者的好奇心。

- **行動呼籲**。這就是專業書籍和文學小說不同的地方。讀者能從故事中學到什麼？說明在他們讀完之後，你想要他們做什麼、想什麼，或是感覺什麼。

這樣你就學會了怎麼寫一本清楚又有說服力的書──偉哉！但當你開始寫的時候，會發生什麼事呢？這是我們接下來要探討的。

**我們談到了：**

- 具有說服力的寫作，是一個繼續保有讀者注意力與建立信任的基本部分。

- 前言的目的，在於鼓勵人們買下並閱讀你的書。

- 在前言之後，你的任務是讓讀者持續翻頁，一章接著一章。

- 要讓讀者站在你這邊，需要的是寫得直接、寫得誠懇。

- 在你的整本書中加入故事，會對你所說的事物的記憶度、閱讀節奏和可信度有幫助。

# 第十章
## 把寫作變容易的內行訣竅

如何讓這趟旅程更順暢？

寫作只有三個守則，但沒人知道是什麼。

——薩默塞特・毛姆（Somerset Maugham），暢銷書作家

　　你已經拖延了好幾天。好吧，是幾個禮拜。嗯，其實是幾個月啦——不對，是三個月。但今天有個客戶取消預約，所以你多出了兩個小時。今天就是你要寫下一章的日子了。不過等一下，你剛進來的時候有沒有鎖後門？那你的車呢？外面那奇怪的聲音又是什麼？你最好檢查一下。

　　一切都好，所以現在該寫作了，就是這一刻。不要繼續拖延，開始就對了。

　　你寫了幾行，至少是個開始。不過等一下，你只能寫出這種東西嗎？不是，所以按下刪除鍵，重新開始吧。現在，又是一行都沒有了。「我一定又無能又懶，還是個外行。」你這麼想。「我究竟為何覺得我可以寫一本書？我應該放自己一馬，立刻放棄才對。」

　　所有作者都有這種感覺——即使是暢銷作家也會，這

叫做抗拒。法國作家雨果（Victor Hugo）要是不把自己鎖在家裡、除了一件長到腳踝的披肩之外什麼都不穿的話（不知為何這讓他更有效率），就無法認真開始寫《鐘樓怪人》。小說家格雷安・葛林（Graham Greene）得等到碰巧看見幾個特定的數字之後，才有可以寫作的感覺；他會在路邊等這些數字出現在經過的車牌上。你抗拒的表現也許比較平庸，但不代表它就會比較不礙事。

- 今天時間不對，或本週、總之有某個東西不對勁。
- 為了找到完美的譬喻來說明那個論點，你需要時間。
- 你為了來杯拿鐵和追求寫作效率而逃到附近的咖啡店，但什麼事都沒完成，因為音樂太大聲、有免費的無線網路，還有在地親子團體帶來的十五個尖叫中的寶寶。
- 叮！你收到一封非常重要的電子郵件。
- 你的貓坐在鍵盤上（你要走投無路了）。

再說一次：你並不孤單。在寫這本書的時候，我的收

件匣從來沒有這麼乾淨過、帳目從未更新得這麼勤，社群媒體也未曾看得這麼仔細過。讓我們面對現實吧，寫作是件苦差事，因為它關乎於思考，而思考是很有挑戰性的。它也意味著以清晰、創意和說服力來溝通——可不是鬧著玩的。

## 你最大的障礙

當我自問為何寫作會這麼困難時，我也不見得會有全部的答案；但在和研究人類心智運作的專家討論過、以及傾聽我的客戶的問題之後，我整理出一些有幫助的答案，指向謎題的解答。

### 意識到恐懼是抗拒之母

身為作者，我們最害怕的是拒絕：被出版社、被讀者，以及被同業拒絕。這和被「看穿」的恐懼有關：我們不理智地相信，一旦人們讀了我們的書，就會被發現我們知道的也沒什麼大不了。幫助人脫胎換骨的教練麥克‧尼爾（Michael Neill）指出一件關於恐懼的事很有意思，就是在這種情況下，我們感受到的不是真正的恐懼。真正的

恐懼是「我們覺得自己要死了」，希望永遠沒有哪本書會造成這種效果！我們真正體驗到的是擔心，根本是完全不同的另一件事。擔心始終會是生命旅程的一部分，但它從來沒有成過任何事；訣竅在於我們要認為以現實生活中可能發生的事來說，它告訴我們的，都是無關緊要的。

看待這件事的另一個方式，是不要去在乎你感覺到恐懼。這似乎完全不可能，但為什麼會不可能？真正重要的是你去享受寫書的過程，**讓自己全心全意投入這個體驗中**。你可以把它想成是你和朋友在餐廳裡享受美食時，所聽到的背景音；它的確存在，但並不干擾主要的活動。

## 掌握你自己的動機

如果你還在掙扎要不要動筆，問問自己是不是真的想寫這本書，還是只是因為它看起來像個好主意？若是後者的話，你會發現它很難完成——更不用談品質如何了。如果你沒有感受到被寫書這件事召喚，那麼要達成你的目標還有其他道路。但你也可以思考一下這件事。與其把寫書的過程看成乏味的例行工作，如果你把它想得趣味無窮、激勵人心，會是什麼感覺？我先前告訴過你，你將藉由

寫書學到多少關於你的專業，以及這件事有多麼值得努力——即便你不出版它。若你這樣思考，寫作感覺起來就比較像是坐在順著下坡滑行的腳踏車上，而不是猛踩踏板上坡；如果你享受騎乘的過程，要抵達目的地就會更快且更容易得多。

## 學習相對論

人們告訴我他們書寫不完的原因，第一名是沒有時間。多年來我用的也是同樣的理由。真好笑，因為時間對我們來說似乎是固定的——大家都知道一天有二十四小時。但若往後退一步的話，它就會變得更有彈性。就像莎士比亞在《皆大歡喜》中所說的一樣：「時間對於各種人有各種的步伐。」想像一下你在上台前有十件事情要做——一個小時就像飛走了一樣，但當你在冷颼颼的月台上等火車的時候又度日如年。這能幫助我們將時空視為相對的概念。

在生活中，我們都會為最想做的事情試圖挪出時間。我敢說如果你最喜歡的電視影集出了新集數，你一定會想辦法擠出一小時來看；請對時間抱持更流動的態度，來思

考你的動機——這可能會是一個令人驚奇的組合。而且你也應該謹記在心，寫書的時間沒有規定一定要是幾個月。如果你在任何時候覺得招架不住了，有可能是你在預測這個過程會有多長的時候，預測得不算是很準確。我偶爾會聽到有人吹噓他們寫書寫得多快，但我總會對自己說：「那又怎樣？」

## 認可自己的成就

寫一本書可不是在公園裡散步。偶而如果有奇蹟發生，就可能讓你碰上；要是真是這樣，我對你既佩服又羨慕。但對世上其他人來說，寫書是長期抗戰。有些人認為他們可以把一大堆部落格文章或訪談記錄拼湊起來，變！——就會出現一本完整的書，可惜從來都不是這回事。

身為專業書籍作家為何會成為權威性的指標，是因為你證明了自己對該主題的相關知識掌握得很透徹，而且還有毅力可以為它寫出一整本書——一本娛樂、教育並啟發讀者的書。現實是要寫出一本內容豐富的書沒有捷徑，連試都不用試。一旦你承認了這東西的本質就是充滿挑戰、

饒富趣味、使人挫折、曠日廢時、令人精疲力盡卻又值回票價的時候，距離喚醒自己的精力和投入就又更近了一步。你需要必勝的決心來完成你的書；它對你來說必須很重要。

## 稍微實際一點

這些指標應該可以幫助你看出你的困難其實都只是幻覺而已。但如果你想要跨越這些阻礙，需要一些更實際的方式，接下來馬上就有許多方式等著你試試。

### 不要寫書

我是認真的。與其現在寫一本書，不如創作一系列部落格文章或準備你下週的演講。你覺得呢？只要它和你的主要議題相關，就得以立刻給你需要的內容，最終也對寫書有所貢獻，一石二鳥。當你有個期限的時候，會比較容易把事情做完，所以如果你本週需要發一封電子報，可以確定一下主題是不是能夠輕鬆和你的哪一章結合在一起。這樣不只可以幫助你不要寫得那麼痛苦，更得以確保它能與你的專業傳播整合。

## 用口述來完成你的書

在《創造力》[30]（*Big Magic*）中，伊莉莎白·吉兒伯特述說了學者兼演說家布芮尼·布朗（Brené Brown）對她的作品的態度，是如何從「烈士」轉變成「頑童」的——這意味著她找到對她來說最簡單、最有靈感的方式，而不是先預想寫作必定是一種掙扎。對布芮尼來說，就是把她的書口述出來。在她告訴幾個同事她想說的內容的同時，就要求他們做筆記。她不時會拿走他們的筆記，然後參考這些筆記來寫書，因而得以捕捉她自然的聲音；這種方式多有效率啊！她很開心。

寫作不是自然的過程。它是你到學校才學會做的事，但卻因此可能困難許多；我是不知道你怎麼樣，但當我的初稿出現在頁面上時，我就聯想到老師的紅筆。而且你也不習慣長篇書寫，所以心理肌力（mental muscles）狀態感覺不是很好；要是你無法像訓練多年的奧林匹克選手一樣，從起跑點就開始衝刺，也沒什麼好驚訝的。

這就是為什麼有些作者偏好對這個世界說書，而不是寫書；尤其若他們靠說話吃飯，例如專業講師或教練。問

---

30　2016年馬可字羅出版

問你自己，當你得做一個困難的決定時，你喜不喜歡透過徹底討論來完成這件事？你在想事情時會自言自語嗎？如果你是個健談的人，那你很可能會同意[31]。

如果你考慮用說書的方式，務必在開始前先確定大綱。比起寫作，清楚你的立論點對說書來講甚至更加重要，不然你可能會說些無關緊要的廢話。你可以使用任一種錄音設備，要能將聲音匯出成可以存在桌面或寄給聽寫員的檔案格式；然後想像目標讀者正坐在你對面，迫不及待想知道你要說什麼，接著彷彿他們在現場般地對他們說話。還有一個方式是請信得過的朋友或同事對你進行訪談，用你的大綱作為他們問問題的指南。

之後，你需要把錄音謄寫下來。你可以在線上找到成本效益高的聽寫員，或是可以投資一套自動聽寫軟體，例如Dragon Naturally Speaking，它的優點是長期算下來比較便宜（雖然要花點時間學習）。一旦你拿到謄寫稿，就把它當成書的素材，這是我為客戶代筆的方式。你已經有一些字句了，而不是一張白紙──這樣會容易得多。它絕不

---

31　For a step-by-step guide, see Joanna Penn, 'How to Speak Your Book', *The Creative Penn*, www.thecreativepenn.com/how-to-dictate-your-book/

是完整的文章，卻是很有幫助的開始。你可能會發現自己從某處把大量文字移到另一處、刪除段落、合併其他段落，還有重寫一整段；沒關係，因為這還是比從零開始快，也沒那麼嚇人。本書最後的「更多資源」有這個步驟的實用說明。

## 跟著感覺走

雖然用鍵盤而不再用筆寫作已經是常態了，進行文字創作還是很有覆水難收的感覺，但這一點道理都沒有。儘管安心創作出安・拉莫特（Anne Lamott）在她所寫關於寫作的精采作品《寫作課》中，所稱的拙劣初稿（shitty first drafts）就對了，這個詞用得多神啊。我實在太愛這一段了，所以想要引述全文：

幾乎所有出色的創作都是從不忍卒睹的第一次嘗試開始。你必須從某個地方起跑，從將任何想法付諸文字開始。我從坐在桌前撰寫拙劣初稿當中學到的，是如何清除腦中浮現的噪音[32]。

你完全有權寫出一份糟糕的初稿。真的。我們已經太

---

32　Anne Lamott, *Bird by Bird*, Anchor, 1994.（2018年野人出版）

習慣將修正與編輯視為缺點的指標，因此它可能會是很難克服的障礙。在我為客戶代筆寫書的時候，我從不把最原始的初稿交給他們。死都不可能！論點的順序不對，無寫作技巧可言，而且用來增加趣味的故事和譬喻根本就不夠。

具體來說，你腦袋中的創意部分和理性、編輯的部分是分開的；如果你試著同時做這兩件事，將會變得疲憊不堪，很快地失去動力。反過來說，你應該在開始時就不帶批評地享受將字句傾瀉而出的自由；可以稍後再回頭把它們整理好。

## 讓自己休息一下

你曾在最意料外的情況下，突然想到很天才的點子嗎？我有過這種經驗。這是因為若想讓創意突破，我們必須心無雜念。當我沈浸在寫作中，一次努力對付三、四個想法的時候，我堅信自己連一刻都不能離開桌子，不然就會忘記我在做什麼。

接下來門鈴響了，我咒罵一聲，然後去開門。但真沒想到那個複雜的問題——我該如何透過B段落，來合併A

想法與C想法——只要加一句簡單的句子，就奇蹟般地解決了。我每次都覺得很奇怪，當寫作似乎變得愈來愈複雜的時候，我為何不讓自己休息一下？也許有天我會學起來的。

## 不要親自寫書

還有一個替代方式讓你不用花時間在鍵盤前寫書，就是和代筆作家合作。這可能比你想像的還常見；估計有百分之五十的非文學暢銷書都是代筆寫作的，如果作者是政商名人，比例還要更高。這也有它的道理，當某人能靠自己精湛的一技之長賺不少錢的時候，不太可能會為了寫本書讓生活停擺好幾個月，也不想經歷如何學習寫作技巧，以及對作品精雕細琢的整個過程。沒有這種事，他們會交給代筆作家。

你也許會想，這和你有什麼關係，但你的確也想變成名人吧？不一定要是全球巨星，但至少是商界名人——是你這行的大師，是會受邀到活動演講（而且是付費請你）的專家，是客戶願意付出優渥報酬還要排隊的顧問，也是會在別人的書和部落格被引用的作家。代筆作家可以帶給

你什麼好處，值得看一下。

- **你會節省大量的時間。**這就是代筆作家幫你省錢的方法。如果你把計畫、打草稿和編輯的那幾個月都算進去的話，那些時間和精力能讓你做什麼事？幫助更多人、和更多客戶合作，以及發展你接下來會因為出書而受益的事業？這些活動都會為你帶來收入，終將讓你的專業書成長到一個新的層次。我推估自己幫客戶代筆的時候，平均為他們在每本書上省下137個小時[33]，而且這已經包括他們也參與過程的時間了。

- **你的書會讓人讀得下去。**你也許有寫作方面的天賦或經驗，請好好享受，心甘情願地為它抽出時間。這樣的話，你絕對應該自己寫書。但如果不是這樣，你可以讓專業的來，就像你會把商標設計外包給平面設計師、把帳目交給會計師一樣。我不介意告訴你，我從來沒碰過自己的報稅單；我寧願晚上

---

[33] 詳細分析請見我的網誌：'How Much Time Do You Save Working with a Ghostwriter?' 網址為www.marketingtwentyone.co.uk/time-save-ghostwriter/。

睡個好覺，也不想擔心我有沒有在數字上犯了離譜的錯誤，我知道會計師會確認它沒有問題。

- **關於你的主題，你會得到一個全新的客觀見解。**代筆作家可以從你的腦海裡汲取一些想法和概念，是你自己都不見得知道存在的。接著，他們會用能說服讀者的方式把它們寫出來，把你的書從路人變成專家。就像代筆作家安德魯‧克洛夫（Andrew Crofts）在《代筆寫作》（*Ghostwriting*[34]，暫譯）一書中解釋的一樣，「影子作家有很大的幫助，他們將專家變成偉大的教師，為沒有任何相關知識的其他人，將專家腦中的知識翻譯成他們看得懂的語言。」

- **你的書會寫成。**如果沒有把書寫完的急迫性，草稿沒有完成已經是家常便飯——甚至更糟，它可能還在作者的腦袋裡。但如果你是那種喜歡著手新事物、但做到一半就覺得無聊的人，聰明的做法是把寫作的工作交給靠完成寫作來維生的人。

- **出版會比較容易。**出版社熱愛專業代筆作家，因為

---

34　Andrew Crofts, *Ghostwriting*, A&C Black, 2004.

他們知道這本書會如期完成，而且行文清晰、具說服力。所以如果你在找傳統出版社，可以讓他們知道你在和優秀的代筆作家合作，他正在以你的聲音撰成草稿。

## 代筆寫作如何運作？

一位傑出的代筆作家，會認為自己既是謀士，也是作家。他們會花時間了解你想藉由你的書達成什麼目的、要寫給誰，書中有沒有哪個觀點會讓它更容易銷售，以及它將如何讓你事業興隆。他們也會和你合作寫出大綱、進行訪談，了解你在想什麼。在將你的想法轉變成紙頁上的寫作時，他們會注意要用你的聲音創作，如此一來，這本書讀起來就會像出自你的手筆，而不是他們的——這是個高超的技巧。如果你已經寫好了一整本或部分的初稿，他們也可以幫你重寫，為你最後的成品畫龍點睛。

然而，在與代筆作家合作時，有幾個因素需要考慮。你必須準備好將你最珍貴的想法和意見委託給其他人，並且相信他們會用你的聲音把這些內容寫出來；這意味著要小心選擇你的寫手。為了找到對的人，必要的話和愈多人

談過愈好。感覺一下你和他們有沒有連結，並確認針對你想寫的書籍類型，他們有寫作經驗；這比他們了不了解你的主題重要多了。有經驗的代筆作家會很樂意花時間跟你討論，並讓你看作品案例，也會像了解他們自己一樣地去了解你；他們從經驗得知磁場合不合有多重要。你也得要有心理準備，來等待適合你的作家有空，因為最棒的代筆作家有時候是很熱門的。

你聘用代筆作家的預算是多少？答案就跟「你預計花多少錢買車？」一樣，視你的期望和追求的結果而定。你可以花大概幾百到三千英鎊，從各大自由工作者的媒合網站，雇用一位收費較低的作家。有些是英語母語者，但很多都不是，這表示他們的語言技巧不夠精準細緻，無法讓你的書發光發熱。我看過一些這類作者的作品，很顯然他們大部分的內容都是從網路上蒐集的。他們的寫作沒有特色，也無法讓你的書吸引人。

但從另一方面來說，專業的代筆作家就完全不同了。他們認為自己的工作，就是用流暢、有技巧和趣味的手法來寫你的書。他們的焦點，在於獲得並保持讀者的注意力，以說服力和清晰引領他們穿過你的論據，並且準時交

件。他們也許認識出版業的人，也能在作品的其他方面給你建議，例如自（費）出版、行銷和宣傳。如果是這種代筆作家，至少要從兩萬五千英鎊（近十萬台幣）起跳，有些甚至需要六位數。如果這個數字看起來很龐大，想想看如果你只因為對自己的文筆沒有自信，或是一直停留在初稿，而完全無法把書完成，得付出的代價會比這慘痛多少？冒風險的是你的聲譽，封面上印的是你的名字；那可是你的書，讓它成為劃時代的一本吧。

## 寫作教練如何運作？

但就算你沒有請代筆作家的預算，又或是親手寫自己的書對你來說意義非凡，要隻身出發感覺還是挺嚇人的。其中一個處理方式是和寫書教練合作。教練他們自己也寫了很多書，已經很擅長拆解寫作的過程，所以能夠幫助你做同樣的事。挑選一個專精在你的書籍類型的教練非常重要；假設你要寫的是參考指南類的書籍，一位和文學作家合作的教練就不適合你。

專業書籍教練可以幫助你決定要為你的事業寫哪一種類型的書（他也會了解你的事業領域），和你一起撰寫大

綱，給你事前計畫及寫作的建議，並在一路上都牽著你的手。他們也會和你合作發想行銷企畫，針對不同的出版途徑給你建議，利用他們的人脈推薦最優秀的專家給你，幫助你完成這項任務。以我輔導許多客戶出版書籍的經驗來說，他們從這個過程中可以得到兩個好處：透過固定和教練保持聯絡，他們的強烈動機因而不會消退；最後寫成的書也會比他們獨立作業得到的結果還要更專業與精采。

教練也是需要花費的。但你可以想一下：如果你不寫書、出書，要付出的代價是什麼？你的目標是書籍出版後翻漲好幾倍的投資報酬率；所以要是你需要幫忙的話，尋求協助是很合理的。

現在，你已經知道怎麼寫書，該是時候考慮編輯這個步驟了。這是我們接下來要討論的。

**我們談到了：**

- 持續寫作大部分的障礙都只是你的想法而已——這代表你有許多方式可以克服。

- 把你的書說出來是一個避免寫作瓶頸的有力方式，因為它並沒有一開始就在乎完美。

- 代筆作家可以將你腦子裡的想法變成一本精雕細琢、投入至深的作品，你自己卻只要花費極少的時間和努力。

- 寫書教練在開始寫作和為書收尾的時候，都可以讓過程變順利。

# 第十一章
## 編輯你的書

讓它變單純的五個步驟

寫作很簡單，你只要把不要的詞刪掉就好了。

—— 馬克・吐溫（Mark Twain）

　　我最近去剪頭髮的時候，問了設計師要怎樣才能讓我的細髮看起來比較豐盈蓬鬆，她的建議是在頭髮裡打一些層次。我很驚訝——這肯定表示髮量會變少，而不是變多吧？但她是對的，在一些深思熟慮過的區塊裡剪去頭髮，能使髮量和結構變得顯眼，讓剩下的部分看起來有魅力得多（或是說我寧願這麼想）。這道理和寫作一樣，你刪除的東西，讓重要內容得以傳達，賦予你的書趣味和特色。不要害怕在剪輯室裡去掉一些你寫的東西。各位，這就是我們所謂的編輯工作。

　　編輯工作為什麼這麼重要？想像一下你正在看某部電影的武打鏡頭。你全神貫注在動作中，肉體的每次猛擊都讓你眉頭緊皺，反派打得主角頭破血流的時候你倏地往後縮。他撐得到情勢逆轉嗎？有沒有可能甚至活不下來？你

完全忘記自己身在電影院——這感覺實在太「真實」了。然後在你雙手遮臉、眼睛從指縫間偷看他能不能逃出惡棍的手掌心的時候，發現螢幕左側出現了某個不協調的東西。它只在背景的邊緣出現一秒，但已經長到足以讓你從打鬥中分心了。這個小差錯提醒了你畢竟還是在看電影。就在那一瞬間，你失去了流暢感——雖然只有一下子，但已經足夠讓你掃興了。

現在想像你在讀一本書，也遇到類似的事，無法揣測作者到底想說什麼；可能是某句話的結構笨拙，或是有字寫錯。這種經驗也很令人煩躁，但有一個重要的不同。在看電影的時候，就算有幾分之一秒你覺得不太順，還是不大可能離開影廳；但如果是一本書，要放下可就容易多了。你會想說之後再看，但總辦不到，因為上次的經驗也不是多正面。這就是為什麼要創作一本成功的專業書籍，編輯工作的重要性和計畫與寫作一樣。

## 何時該開始編輯你的書

在你完成初稿（或是你能走到那一步的話）時，那將是光榮的一刻。很多作者到不了——他們不停修潤前幾

章，直到擦鞋擦到閃閃發亮（意指字斟句酌），接著開始對著剩下的四萬字左思右想，然後……覺得招架不住，所以他們先「暫停」寫書。這就是我建議（不，是「堅持」）在你完成整本書的初稿之前，停止任何認真的編輯工作。

這麼做還有其他好處：

- 在你眼前看得到整本書之前，是無法校潤你寫的內容的——因為要等到那時候才能凸顯出全文流不流暢；
- 如果你邊寫作邊編輯，拖延到初稿完成的時間，就無法獲得看著你——對，*就是你*——寫出的作品的成就感。

所以人家說「稿子趁熱寫，編輯冷了做。（Draft hot, edit cold）」我現在告訴你如何將不完美的初稿轉變為美麗的造物。

## 如何編輯你的書

　　編輯是一個簡單的步驟，但感覺起來像是大工程，所以這裡有一個有系統的作法。相信我，在你搏鬥著組織成千上萬個字的時候，有一套程序可以參考是很有用的。而且，修改初稿是「左腦」的活動，讓你勢必要客觀地面對你寫的東西，遵循守則正好能確切地滿足這個思維模式。

### 第一步：準備就緒

　　在你完成初稿到開始編輯之間，至少要等一兩個禮拜。我們閱讀比書寫快，所以要等一段時間，否則你對成書的節奏感會和讀者體驗到的不同。而且你也需要空間來忘記寫作的過程：所有的高潮、低潮，還有根本不能用的彆腳句子，但你決定先放著不管，因為要趕進度（這理由非常正當）。此外，你也想經歷一下這種愉快的驚喜，就像你出遠門回家後，會覺得家裡煥然一新一樣；那些不只是在牆上對著你吶喊的片片污漬，而是你早就不再欣賞的那條繽紛毯子的豔麗。

　　接著把稿子印出來，標上頁碼並確定每一章的開始都是一個新頁面。沒錯，你會聽到樹木在哭泣，但這是唯一

的方式。我們在螢幕上瀏覽得很快，但閱讀紙本頁面就會比較慢；所以如果你倚賴的是電子版，會遺漏掉無數個錯誤。這麼做還有一個額外好處，就是你會為自己產出了大量文字佩服不已——它看起來開始像本像樣的書了。

現在就是有趣的部分了。拿一疊便利貼，一枝筆，和一疊A4白紙。把其中一張轉成橫向，在最上面由左到右寫上每一章的標題（也可能需要更多白紙），底下的欄位就是貼便利貼的地方。為自己找一個遠離平常工作桌的地點，讓你可以舒適地閱讀稿子——一個全新的視角會有幫助。天氣好的話就去戶外，但記得用重物壓住紙張，不然就會跟我在院子裡編輯客戶稿子的時候，發生一樣的蠢事（到現在附近的青蛙都還在讀那份稿）。

## 第二步：要有心理準備

回到你的書原先規劃好的策略和大綱，再仔細把它讀一次。如果在這之間有任何更動的話就寫個筆記，不然請提醒自己寫這本書的原因、對象，以及你書中的「寶藏」是什麼。你應該要想：「這本書的目的是什麼？誰會讀它？為什麼？」把你的答案用粗體寫在一張白紙的最上

方，在編輯的時候，要時時讓它保持在視線範圍內。

接下來，我建議你為第三、第四和第五個步驟，各預留幾個小時；每個步驟最多分成兩階段就要完成。這讓你能夠把整本書記在腦海裡——對搜尋缺漏和重複很有幫助。

## 第三步：編輯內容和可讀性

在這個階段你要擔心的只有內容，而不是風格。若你在風格上發現詭異的錯誤，要是很簡單當然可以修正，但請設法不要分心。一次做一章，在你開始閱讀之前，把以下的問題寫在每一章的最前面（每個答案都要用一句話寫完）：

- 這一章的目的是什麼？
- 它如何和整本書的目的結合？
- 如果在這整章裡面讀者能消化的重點只有一個，那會是什麼？
- 這一章結束時，我想要他們留下什麼印象？

現在仔細把它讀完，然後記下這些要點：

- 這章裡面有沒有任何東西，不符合你上面寫出來的目的？如果有就把它刪掉，或是快速在便利貼上做個筆記，提醒自己把它移到其他更有用處的地方，然後貼在你的章節標題那一頁上。無論你多喜歡這一段、還是它寫得有多美，都必須消失。

- 你的重點順序是否符合邏輯，讓讀者可以看懂？如果不是的話，畫幾個箭頭來重新排序。

- 要是你是讀者，你會在哪個特定主題上需要更多資訊嗎？不要以為你知道的他們都知道。

- 這裡的內容，你是否在本章之前或之後的任何地方提到過？如果有，不用急著現在找出來，只要簡單在便利貼上記一下，然後貼到那一章的標題下面，之後檢查前後連貫性的時候會用到。

- 如果你發現需要加入新素材，就把它寫在空白頁上，再插入書稿中的相關章節。

- 裡面有和其他章節重複的故事或論點嗎？要是你覺得好像有，把它記在便利貼上，之後再檢查。

- 有沒有哪個領域是你需要再多做點功課的？有沒有哪些特定內容適合夾帶下載用戶磁鐵的邀請（如

QRcode或網址）？如果可以，也寫在便利貼上。

## 第四步：修改

接著回到你的電腦進行必要的修改，然後把這些章節存成第二稿。你可以在修改過程中把便利貼丟掉（我發現這個動作很有成就感），留下那些比較費工的。在重寫的時候，要隨時留意之後還可能需要修改的部分，但要避免風格上的變更；你現在專注的是全文最重要的流暢度，不是措辭夠不夠優雅。直接剪下貼上通常沒什麼問題，只要注意連接的地方看起來通順即可；想像你做的是拼布，而不是細工針線活。

## 第五步：編輯行文風格

再把整份稿子印出來一遍（再說一次，不要去想樹木在哭泣）。這次把它大聲唸出來，這樣你就能感覺到作品的聲音和韻律，因為如果你覺得某個詞或短句聽起來卡卡的，那麼讀者也會覺得卡卡的。迅速在稿子上更正，然後再唸一遍。大聲唸出來是多數作者不會做的事，馬上就讓你遙遙領先——你只要試試看，就會知道差別為何這麼明

顯。

如果你發現自己的注意力被分散，讀者的注意力也會分散。你需不需要更有趣、更具吸引力的內容？它是不是太冗長了？你能用故事、有意思的事實，或某個引人爭議的細節，來讓它更耐人尋味嗎？你有沒有利用隱喻、影像和有趣的文筆，來避免枯燥的閱讀經驗？在這裡要相信你的直覺。你也得確認每一章用的標題和副標題都是相互連貫的。

注意句子的節奏，刪去所有對你要表達的意義沒有幫助的行話和模稜兩可的語句；大聲說出你想說什麼，就從那裡下手改寫尷尬的句子。這個步驟最常見的影響，就是我先前提到的語助詞會被刪掉——它們會遮蔽你想透露的訊息。

等你做好這些事，再回到電腦把改過的地方輸入進去。給自己一到兩個禮拜的空檔之後，再重讀整份稿子（如果你想，這次可以在螢幕上看），一邊稍作調整。

完成了！不管你想用什麼浮誇的方式犒賞自己都可以，這是你應得的。

## 你需要一位專業的編輯嗎？

「我不能只是找個別人來編輯我的稿子就好嗎？」這是我經常被問到的問題，我的答案是：「一定要！」讓客觀專業的編輯人員來評估、催生你的稿子是無法取代的——這絕對不是你應該省略的步驟或投資。作者自己編輯的作品一眼就看得出來——從混亂的思緒、重複的用字、笨拙的句子和馬虎的文法，就可以分辨。不要讓你的書變成這樣。

然而，如果你能在把書稿交給專業編輯之前做完上述的步驟，絕對會有很多好處。首先是可以節省費用，因為編輯都很精打細算——可以理解，如果是難搞的作品，他們會傾向多收點錢[35]。然後，最終的成果你也比較可能放心；你愈是把稿子改到自己滿意的樣子，裡面就會有更多的「你」。

編輯基本上分三種[36]：責任編輯（structural）或企劃編輯（developmental editor）、文字編輯和校對人員。企劃編輯涵蓋了整個編輯步驟的第三步（內容及連貫度），

---

35　編注：這裡指的是特約的外聘人員。
36　編注：視各出版社編輯權責劃分與外編人員專長而不盡相同，一本書的編輯一至多位都有可能。

文字編輯則負責第五個步驟（寫作風格、文法和用字）。你就會了解在修潤文字之前，先編輯全書架構的道理，讓你得以在精雕細琢用字遣詞並修正細節之前，先做最大方向的修改。校對人員絕對必要，但只有在你的書已經要排版送印的最後一步才需要。他們會鉅細靡遺地要求盡善盡美，這種仔細只有從未讀過你的書的人才辦得到；「冷眼旁觀」的他們不是為了欣賞你的寫作風格和想法才看你的書，而是為了要冷血地挑出錯誤。稿子經過校對以後，不管你多想要，*千萬不要再做任何更動*；差錯都是在這種地方出現的。

我會在第十三章建議找編輯的方式。

## 試閱讀者

要完全客觀地看待自己寫的書，幾乎是不可能的，所以才需要一群值得信任的測試版讀者。試閱讀者是作者的祕密武器——他們是你的目標讀者群中，會在你最終編輯前給出真實意見的樣本。每個人身邊都有試閱讀者，只是他們不一定知道。試著發掘你自己的：

- 之前和現在的客戶；

- 同領域的專家；

- 電子報訂閱名單的收件者；

- 值得信任的同事和人脈。

　　請記得，你不會想要任何熟人的意見；而是那些你知道在*現實生活中*會買你的書的讀者。這很有可能已經把你的死黨、伴侶和媽媽排除在外了。聽到這些人說「他們看不懂第二章」不只可能分散你的注意力，甚至是有害的；但你的目標讀者卻可以完全理解。比較可能的景象是他們會說他們全部都很喜歡——這能帶給你溫暖的喜悅，但不是你需要的回饋。

　　等到你收集到頂多五、六個測試版讀者、稿子的完成度也達到你可以承受任何一個人盯著它看的時候，就把草稿寄給他們。要求他們公正客觀，若有任何修改的建議，千萬不要猶豫提出；你可以使用Word裡的追蹤修訂功能，或是上傳到Google文件，然後開啟建議功能。至於要請他們做什麼，這裡有幾個提議：

- 指出任何他們覺得難懂的地方；
- 談談他們覺得最有趣、最能啟發他們的地方；
- 覺得無聊的地方也要說。

最重要的是，你要找出在他們眼裡，你的書的重點是什麼？他們是否改變了什麼看法，或是學到任何新事物？等你發現事情不是你原先想的那樣的時候，說不定會很驚訝。

## 寫完了就是寫完了

幸虧我們作家不是腦神經外科手術醫師，不用一次就得把事情做好，還有這樣的餘裕：只要我們喜歡、或是覺得有需要，要修改幾次都可以。用另一個醫學上的類比，寫書這件事經常被比作懷孕和新生。然而，雖然它的確會花上好幾個月（還伴隨著血汗與眼淚——最終誕生了美麗新生命），但這兩件事的相似之處也就僅此而已。嬰兒有內建的最後期限，時間一到他就會出生，不管你準備好了沒；但是書就沒有這種與生俱來的計時器，一不小心可能就得繼續孕育，永遠沒完沒了。

告訴我有哪位作者不會禁不住要翻遍他們出過的每一本書，每頁都要精確說明這頁的問題出在哪裡：「我跟你說，這邊應該要改……。」好吧，這種人是不存在的。你得要有個方法來為你對完美的追求畫出一條底線，試著從你的理智抽離，在這裡要聽從你的直覺。你要如何確定作品已經完成了？你也說不上來，只知道寫完就是寫完了。相同地，告訴電影導演進行最終剪輯、或是要畫家放下筆刷的，都是這股第六感。

但如果你想要一個具體的答案，來告訴你何時該停止編輯並按下發布鍵的話，它就在這裡——雖然不完美，但這已經是我能提供的最佳解答了；我甚至還幫你列了一張清單。

□ 你的書已達到你的目標長度

□ 它符合邏輯

□ 它生動有趣；也就是說書裡有許多故事、趣聞、譬喻和例子

□ 當你大聲把它唸出來的時候，聲音會隨著不同的語調和節奏有自然的抑揚頓挫，顯示它有自己的韻律

□它有足夠的事實和研究支持，以滿足讀者的需求

□你行銷自己事業的方式已經暗藏其中

你現在已經完成草稿的創作，它幾乎就要變成一本書了！但在投入出版之前，讓我們再看看一些在你準備好按下「送出」之前，最後需要就位的元素。

**我們談到了：**

- 在開始編輯之前，先完成你的初稿。

- 使用有系統的編輯步驟，確保你的書既清楚又具說服力，拼字和文法錯誤能少就少。

- 在你定稿前，先讓試閱讀者讀過你的稿子——他們是你在真實世界裡的目標族群。

# 第十二章
# 艱辛的最後一哩路

完成你的書！

> 我已經很多年什麼都沒完成了。
> 原因是，當然，你一旦完成了，就得接受評斷了。
>
> ——艾瑞卡‧鍾（Erica Jong）

明明近在眼前，卻又如此遙遠。你把稿子捧在發燙的手心，看起來很不錯。恭喜——你已經達成了很少有人可以做到的事，也就是把書寫完。但在可以出版之前，還有一些地方需要考慮。你已經快抵達了，只是還在精雕細琢而已。

## 授權

現在就是你該思考寫出來的東西合不合法的時候了。在你的書裡引用別人的想法和說過的話有沒有問題？這是人之常情，畢竟沒有人可以不斷想出原創的素材——在我們的作品裡，我們「站在巨人的肩膀上」，向那些已經在前方為我們鋪好道路的人學習。你也有可能正在為其他人做一樣的事，即便你還沒有發現。但思考一下，你不會想

要將來有作者偷用你的素材，卻完全沒提到你，對吧？這除了有道德上的爭議外，還牽涉到法律問題，所以，在你想向其他專家致敬前，讓我們來看一下你現在是什麼情況。

當然我不是律師，這些不能作為法律意見。若有任何疑問，你可以和編輯討論（如果你有出版社的話），或是向法律專業人員諮詢。

## 使用別人的點子

好消息是，想法或概念是無法取得版權的，所以你可以在書裡自由使用別人思想的結晶；不過要歸功給他們才是禮貌的方式。提一下你是從誰得到這個靈感的，如果是看書看到的，甚至可以寫出是哪一本；這也可以顯示你的消息很靈通。

## 使用別人寫過的文字

這個消息就沒那麼好了，寫過的文字是有著作權[37]

---

37　編注：著作權，指因著作完成所生之著作人格權及著作財產權。詳情請見著作權法第三條https://law.moj.gov.tw/LawClass/LawAll.aspx?pcode=J0070017

的。只要某人寫了什麼東西然後公開，無論是一本書、網誌、信件或任何其他平台，都會自動擁有著作權。這表示你如果沒有經過授權，就不能取用他們的文字複製在你的書裡。你提不提出處並不是重點，那些字句就是他們的。

如果你引用大篇文字是為了要批判或評論，這就會對你造成影響。即使是出於其他目的而引用，你也需要授權，例如援引一大段詩句來為你的書劃下完美的句點，或是開啟一個新的章節。報紙或雜誌的摘錄絕對不能碰，挪用你在其他地方看到的插畫、設計和圖表也不行。歌詞一定得敬而遠之，因為它們屬於唱片公司（或是持有版權的任何人）所有，而且授權是出了名的難取得。

聽起來很令人焦慮，不過實際上並沒有看起來的那麼綁手綁腳，因為還是有一些變通方式。我在這裡把它們列出來，但再說一次，我不是律師，所以如果你有任何疑慮的話，還是得尋求專業建議。

- 在歐洲，著作權[38]只有從作者在世年間，到過世那年後的七十年這整段期間有效。所以如果你引用的已經是很久以前的內容，*很有可能沒什麼關係*。

- 有一條免責條款叫「合理使用」（fair-dealing）[39]，讓你可以在特定情況下引用別人說的話。合理使用本身不是法令所以並非天衣無縫，但它的確為出版業界指引了方向。你會感興趣的合理使用內容有：如果你引用的字數不超過約三百字，而且只要你註明作者的名字、書刊名稱、頁碼（如果適用的話）、出版社及出版時間，就算合理使用。你可以用像這樣的註腳：作者某某某，某書名，第 X 頁，某出版社，出版年份[40]。

- 原則上你也可以引用超過半頁的劇本，或是從一首

---

38　編注：在台灣，如著作權法第三章第三節著作人格權第18條所列：「著作人死亡或消滅者，關於其著作人格權之保護，視同生存或存續，任何人不得侵害。」著作權法規定則較為繁複，依著作權法第30條規定：「Ⅰ.著作財產權，除本法另有規定外，存續於著作人之生存期間及其死亡後50年。Ⅱ.著作於著作人死亡後40年至50年間首次公開發表者，著作財產權之期間，自公開發表時起存續10年。」而同法第33條規定：「法人為著作人之著作，其著作財產權存續至其著作公開發表後50年。但著作在創作完成時起算50年內未公開發表者，其著作財產權存續至創作完成時起50年。」同法第34條規定：「攝影、視聽、錄音及表演之著作財產權存續至著作公開發表後50年。前條但書規定，於前項準用之。」

39　編注：台灣於著作權法第65條有明文規範。

40　編注：台灣於著作權法第64條有明文規範。

詩中取四十行，但不能超過全文的四分之一。

- 合理使用條款也有例外，如果引述內容已經總結了整部作品要傳達的意義，就不能只算是一小部分。
- 歌名可以引用，因為它們都被視為屬於公有領域（public domain），即便歌詞不是。

如果你想使用別人已經取得版權的素材，但不屬於上述任何一種情況，無論版權是誰的（通常是出版社），都必須取得授權；他們可能不會回覆（因為對他們來說是種打擾），或是有回覆也許會收取費用，價格範圍從很親民到令人瞠目結舌都有可能。你願意麻煩到什麼程度，取決於你有多想把那些內容放進書裡，但現在可能挑戰會比較嚴峻。

## 前言後記都很重要

這些是主要章節之外的獨立部分，你可能會想放進書裡。沒有哪個部分是強制要有的，但我都會在這裡解釋，這樣你就知道如何寫出你自己的。

## 推薦語

　　如果你的書有很多評論與讚譽，你可以在書的最前面為它留一些版面，它對潛在購買者來說非常有說服力。一旦你的粗略版草稿已經準備好可以見人的時候，就可以開始收集了。如果你的書是再版，也可以加入出版後的評論。選出其中寫得最精采、最吸引人的——你要用它來博得讀者的讚賞。

## 推薦序

　　推薦序會安排在第一章之前，由欣賞你作品的人寫成。它在讀者投入之前，就為你的書架好舞台，準備熱烈歡迎。你可以把它想成是主持人為接下來表演的搞笑演員，介紹得更加深入與周到：「他在《默劇莎士比亞》中突破性的表演，讓他成為第一個稱霸北部巡迴的演員之一。他指導了無數的新演員，現在每一個人都比他好笑。而且他為了今晚的表演，特別大老遠從職訓中心跑來。我們用最大的掌聲來歡迎……約翰・甘迺迪（Johnny Comedy）！！！」[41]

---

41　編注：指的是1960年美國總統甘迺迪當選之原因。

我說的當然誇張了點。但這的確反映出一篇好的序言的作用：它讓讀者準備好，對他們即將要讀的書興致勃勃。因此，它應該要由和你同領域中的名人或權威來寫——讀者有聽過而且會相信的人，這樣也可以解釋為何他們有資格推薦你的書，並強調閱讀它的好處。

但還是有些事要注意：雖然這些段落用處很大，但它可能會讓讀者晚一點才開始讀你的書，如果篇幅太長還會讓他們覺得很不耐煩。它在亞馬遜網站的「試閱」功能中，也佔著黃金版位，所以就算讀者想多看一點你的內容也辦不到。這是一個平衡的方法，就像推薦文一樣，推薦序不一定要有，也很多書都沒有；所以如果你在掙扎要找誰寫，還是別費心了吧。

## 致謝

這是你讓所有幫助過你寫這本書的人感覺特別的好機會。想想出版社、代筆作家、編輯、推薦者、試閱讀者、寫作教練、同事，以及所有有直接付出的人。再說一次，不一定要放致謝，但沒有什麼比寫完一整本要命的書，更能讓你感覺自己彷彿是奧斯卡得主，像他們一樣浮誇地湧

出對每個人的感激——從經紀人，到「感謝把我生下來的媽媽」。這一段通常放在書的最後面。

## 關於作者

這部分對專業書籍作者來說十分關鍵。它告訴讀者你是誰，為什麼你夠格寫這本書，還有他們可以如何更進一步和你合作。這通常會立刻接在最後一章後面。就是在這個部分，你可以完全公開宣傳自己，而不會看起來像個推銷員，所以請好好利用。

雖然聽起來有點矛盾，但這一頁的重點並不是你，而是你的讀者。他們會想知道什麼關於你的事，對他們來說是有趣又有益的？很可能不會是一份冗長的資歷表，而是對於你工作成就的總結，是什麼帶著你走到現在這一步？你受了其中哪些因素的啟發？你把你的專業實力都投注在哪裡？你也可以加入客戶推薦、其他著作、比較重要的演講，或是你在各媒體的作品集。確認你已經附上參考資料，讓讀者可以知道更多關於你的事——也許是你的網站、社群媒體，若你願意公開的話，甚至電子郵件位址也

---

42　編注：大部分有折口的書會放在前折口。

可以。

用第三人稱的口吻來寫「關於作者」（也就是「他」或「她」，而不是用「我」），語氣要溫暖友善。試著寫得好玩逗趣一點；它應該要促使讀者想更了解你。在這裡完全不需要對你的資歷客氣——千萬不要太謙虛！

現在，面對每位作者都夢寐以求的一刻，你終於準備好了——總算能把稿件送到出版社。有點像是孩子大學畢業後，父母親揮手朝剛能夠單飛的他們道別；這感覺似乎像在跟你的書說「再見」。但別擔心——就像剛剛說的父母一樣，在他們完全會飛之前，你還是會看到他們回來很多次。

**我們談到了：**

- 在你從其他作者的作品中引用內容之前，先確定這麼做是合法的。

- 你想要在書中加入幾頁推薦語和推薦序嗎？現在該是時候思考一下了。

- 「關於作者」這部分，是你的專業書籍中不可或缺的要素。

# 第十三章
# 出版你的書

## 出版選項

作家可以活兩次。

——娜妲莉‧高柏（Natalie Goldberg），暢銷書作者

　　如果你造訪倫敦大英圖書館的典藏室，就能看到約翰‧彌爾頓（John Milton）在文藝復興時期的史詩巨作——《失樂園》的出版合約原件。上面寫簽約金五英鎊，賣出一千三百本之後再付五英鎊，再賣出一千三百本之後再付十英鎊（可惜他在這之前就過世了）。比較偏激的人可能會驟下結論，認為傳統出版產業從十七世紀開始就沒什麼長進——當然是在說預付金和版稅！

　　然而在今天，出版自己的書可以是簡單又能獲利的，不管你選擇的是哪條路。我很幸運，認識各種類型的出版者，也得以經常和他們交流。所以雖然我本身不是出版者，也能從一個作者的角度來了解這個行業。我學到的東西都在這裡。

## 挑選出版途徑的簡單方式

身為現今的專業作者，你活在一個幸運的年代。直到近幾年前，要出版你的書還是只有兩條路：簽訂傳統的出版協議，或是仰賴作者自費出版的出版社（vanity publisher），付錢讓他們幫你出版。現在你的選擇比較多，而我喜歡把選擇如何出版專業書籍，看作有點像在選紅酒還是白酒——得先考量場合和個人喜好再決定。不是說紅酒就一定比白酒好，反之亦然；這只是一個視你的情況和偏好而定的問題而已。

### 酒單（或是沒那麼令人雀躍的——出版途徑）

那麼這些出版選項是什麼呢？可以分為三大類。

- **傳統出版社**——例如企鵝藍燈書屋、樺樹、哈潑柯林斯、麥米倫、布魯姆斯伯里、西蒙與舒斯特，還有威立出版社——不過，也有很多比較小型的獨立出版社。這些人會為你把所有事處理好，讓你可以繼續忙你的事業（或是接著寫下一本書）。聽起來很棒，但下面你會看到一些缺點。

- **自費出版**——這是DIY的選項，把許多出版的要素

外包給你自己的供應商，例如排版、封面設計和印刷；接著自己為自己的出版流程進行專案管理。

- **合作出版**——這種公司可以收費幫你出版你的書，也因此為你省下自出版需要對付的那些工作。其中最優秀的是由一些出版專家經營的，關於如何在書市中為你的書定位並宣傳，他們也給得出很好的建議。有個很好辨別合作出版和傳統出版社之間差異的方法，就是去比較你跟他們之間的關係：對傳統出版社而言，你是（稿件的）供應商，但以合作出版社來說，你是他們的客戶。

接下來你的任務，就是仔細研究這些優缺點。

## 傳統出版社

**優點**

- **聲望**：有個不成文的推論，是如果你和傳統出版社簽了合約，表示你的書品質一定很好。這個推論有部分是真的，因為傳統出版社的標準很高，只會接

受他們收到的稿件之中的九牛一毛。

- **認證**：對自己的書有疑慮是正常的，所以如果有經紀人或出版社願意爭取的話，會讓你信心大增。

- **免費服務**：出版社會負責出版你的書所需要的封面設計、排版、印刷與其他細項，以及費用。

- **通路較廣**：比起其他出版選項，出版社比較可能讓你的書在實體書店賣，雖然機會還是很小（每年出版那麼多書，書店只會陳列其中一小部分而已）。

- **編輯**：你有機會和專業編輯建立良好的合作關係。

- **一點行銷**：他們會協助，不過行銷自己的書大部分會是你的責任。

## 缺點

- **時間**：出版社和經紀人會拒絕掉大多數的投稿，等待他們的回覆可能要好幾個月（如果真的有回的話）。而且有回音之後，等自己的書出版等了一年的，也不在少數。

- **讀者的認知本來就會不斷改變**：讀者再也不會以出版社來評斷一本書了。現在馬上想想你最喜歡的非

文學書籍，你能告訴我是哪間出版社出的嗎？我想不能吧。

- **版權**：你必須把版權讓給出版社，所以可能無法找人翻譯或錄成有聲書，諸如此類的。

- **所有權**：這本書再也不是「你的」了。你想自己決定書名和封面設計嗎？你可以提出意見，但決定權不在你，也必須配合出版社的要求來修改原稿。

- **版稅**：範圍很廣，但比起其他出版選項來說低多了（而且很少有預付款）。此外，有些出版社會要求你買下某個數量的書，讓你自己賣；這可能要花上幾千鎊。

- **行銷、善用與販賣自己著作的自由**：他們也許不會允許你任意宣傳和銷售（例如在研討會上賣你的書），即便他們當然會希望行銷這份吃力不討好的工作，你可以負責大部分。

# 自費出版

## 優點

- **完整的掌控權**：這是你的書，照你的方式來。如果你是有創業精神的人，這對你會很有吸引力。

- **版稅**：你不需要讓出版社抽版稅，所以得以保留你全部的銷售額。

- **時機和彈性**：你能決定自己的書什麼時候要出版，也可以很迅速。

- **將它的價值最大化**：一旦你的書出版了，就可以用任何你喜歡的方式，來宣傳你的事業。

- **讀者**：若你的書只是要給一小群人看，自出版也許是你唯一的選擇。

## 缺點

- **比較沒有名聲**：你的書封面不會有知名的出版社名稱。

- **預支費用**：在你靠賣書賺任何錢之前，必須先支付費用給供應商；不過高品質的隨需列印（POD,

print-on-demand）新服務可以減少預支的投入。

- **時間和精力**：你正在管理一個專案，但專案過程需要大量的學習——這會佔去你的時間和精力，而且很有可能直到你計畫寫不只一本書的時候，才能回本（甚至連到那個時候都……）。

- **品質**：你的書看起來專不專業得由你決定，但你並不是出版專家。

- **通路**：你沒有進到主要通路的門路，因此只能限於網路銷售，或透過你自己的管道。

- **缺乏行銷支援**：你什麼都得自己來，除非付錢找人幫忙。

## 合作出版

### 優點

- **專業**：一個頂尖的合作出版者會依據你想藉由出書達成的目標，來為你的選擇提供建議。他們很了解這個產業和他們的廠商，也知道你的新書資料卡裡面需要包括什麼詮釋資料，來將你的作品吸引力提

到最高。

- **掌控權**：你可以決定你想要自己的書看起來怎麼樣，以及出版後要拿它做什麼。

- **時間**：你不需要花費寶貴的時間在不同供應商之間進行協調，而且合作出版的工作時程比傳統出版還快。

- **通路**：有些可以讓你的書進入大通路。

- **將它的價值最大化**：一旦你的書出版了，就可以用任何你喜歡的方式，來宣傳你的事業。

- **版稅**：和傳統出版社比起來，你可以獲得較高的版稅比例。

**缺點**

- **成本**：你花錢購買出版社的時間、素材和專業，所以成本會比自出版或傳統出版社來得高。在你賣書賺取任何收入之前，也需要預先付款。

- **和自出版相較之下，能夠保留的版稅和版權比較不完整**：出版社可能會向你索取部分版稅或某段規定時間內的版權，各家規則不同。這不是每一間都一

樣，所以要另外確認。

- **行銷支援**：這通常要額外付費，所以雖然他們可以提供行銷建議，但若你需要執行上的協助，就得付錢（不過傳統出版社也大多都是這樣）。
- **選擇障礙**：有太多公司可以選擇了，有些很出色，但有些要盡量避免。你必須仔細做功課，和負責人討論你想要你的書為你做什麼。任何信譽良好的公司都會很樂意給你他們的時間和意見，來作為合作的開始。

## 你要選擇哪種途徑？

這取決於你希望靠出書達成什麼目標、想要多快出版，以及你想保留多少掌控權。

用例子來說明最清楚了。假使你是位講師，希望在演講的時候賣書，那麼紙本書對你來說就很重要。你透過零售書店賣出的比例不高，也想要愈快出版愈好；如此一來，你就能在下次研討會發言的時候，盡可能最大化銷售。這樣的話，合作出版或自費出版可能最適合你。但如果你是網路購物經營者，想靠你的書來為網站導流、促使

讀者訂閱電子報的話呢？你可能會發現你只需要一本短篇電子書，自出版也不會遇上什麼難題。但另一方面，如果你是眾人景仰的心靈導師，想要寫本書來建立威信，也不擔心會花上很長時間，傳統出版社——還有他們帶來的聲譽——也許是最合適的。如果你寫的是主流的大眾議題，文風又平易近人，也是相同的道理。

換句話說，在你決定走哪條路之前，先思考你的事業需要什麼。

## 傳統出版社：你得知道的事

選擇傳統出版這條路是很誘人的，因為既能得到名聲，又沒有財務開支。如果它符合你的目標，你又願意努力取得合約，當然是個好選項。然而，當我和偏好這條路的作者合作時，我發現自己和他們說話的方式，聽起來有點像有朋友宣布他想成為電影明星的時候一樣：「聽起來很棒，但你應該想個B計畫，免得落空。」你可以問問自己，有了傳統出版社出版的名聲和認可，會不會為你要藉著寫書來達成的目標，帶來什麼不同？還是你自己在追求感覺良好而已？你必須很確定這是你想要的，因為這條路

並不簡單。

然而，如果你不會因此就打退堂鼓，可以認真想想這種出版社在尋找的特質。

- **財務上有利可圖的書。**對傳統出版社來說，你的書是他們要製造並銷售的產品，所以他們要的是能夠大賣的書，量大到值得承擔這個財務風險。

- **你瞄準的目標觀眾，對他們來說是準確的。**有些出版社專出針對大眾市場的書，有些則專注於小眾書籍。不過，就算是小眾，他們也會想確定可以賣出幾千本。

- **作者擁有強力的行銷平台。**在考慮簽下你之前，傳統出版社會先觀察你的個人觀眾群有多少。你是不是已經有自己的訂閱者名單，和成千上萬的社群媒體追蹤者呢？你會固定在大型活動演講嗎？你願意花自己的錢和時間，把書推廣給為數眾多的正確客群嗎？書籍的行銷大部分是你要負責，雖然出版社可能會給你支援，但他們比較喜歡鐵定沒問題的作者。

你也得寫一份出版計畫書，來吸引經紀人或出版社的注意（經紀人會收集計畫書，寄給他們覺得可能會有興趣的出版社，再從中收取佣金）。這是很重大的任務，但在寫任何一本書的路程開始之前，都極度值得執行——最重要的原因，在於它能幫助你對自己的書的各個方面都瞭若指掌。

那你要怎麼寫出版計畫書呢？有些出版社會要求你用他們的計畫書格式，但也有些讓你自己決定。如果你要自己做一份，以下是需要囊括的簡短要點——你就會明白花幾個小時來好好地寫，是很值得的。做一張封面，寫上你提出的書名和副標、你的名字和聯絡資訊，也許再附張照片，這樣看起來就很專業。接著加上目錄，內容要包含這些：

**你提出的書名和副標**

這是你建議的書名（但出版社有最終決定權）。

**出版規格**

- 大略字數；

- 書的格式，像是紙本或電子書；
- 插圖——大概有幾張，是什麼類型？

## 概要

這是用來行銷你的書的核心依據，長度至少要有幾段。它能回答以下問題：你的書是關於什麼的？重點是什麼？是為誰而寫？讀者會從中得到什麼？你憑什麼是寫它的最佳人選、為什麼現在寫？如果這部分沒有讓經紀人或出版社留下有趣且有所連結的深刻印象，他們就不會繼續往下讀。

## 你的命題

依照你的主題的不同本質，你也許會發現寫幾個小段落來解釋你的書核心概念為何，是很有幫助的。

## 本書特色

用條列式重點寫出本書的三至四個特殊之處。要寫得和讀者相關，因為出版社會用它來作為通路行銷的文案。

## 目標讀者

你的書是寫給誰的？若你有先做寫作計畫，這對你來說就是小事一椿。但你也得想想你的市場大小，因為出版社在乎的就是這個；使用英國國家統計局（Office for National Statistics）的網站，或其他資料來源把它量化。此外，有沒有任何你想得到的次要讀者，例如學者、學生或相關領域的人？

## 作者簡介

最好用第三人稱寫。你要回答這些問題：為什麼要選你？你的行銷平台是什麼？你為何有資格寫這本書？你會固定出現在什麼媒體上？你的觀眾群有多大？如果你以前寫過其他書，請提出銷售數字。記得，出版社關心的是可以賣多少本，所以他們會想知道你的資格和經歷，不管是事業經驗或者社會經驗都是。

## 競爭對手

找五到十本知名暢銷書；比起你的書，這些是你提出的讀者更有可能會買回家的。閱讀後總結成一張清單，不

帶批評地說明你和其中每一本的不同在哪裡 —— 你尋求的，是證明你的書已經有現成的市場，但同時也能解釋你為何有自己的區隔。例如其他書已經不合時宜、是為別的讀者寫的、處理主題的方式不一樣，或是寫作風格不同。

## 行銷宣傳

這會是計畫書的核心。你打算怎麼宣傳你的書，讓它可以賣掉幾千本？思考一下你的目標讀者會注意的媒體管道，哪些是你可以涉足的？你是否能得到同領域名人的支持，或受邀在大型活動演講？你的訂閱者名單和社群媒體的規模呢？是否有任何其他你可以利用的宣傳機會，例如工作坊、巡迴活動、網站或部落格？將你的平台的規格量化。

如果你無法說服出版社你擁有足以有效宣傳新書的影響力，他們就有理由納悶為什麼要冒險投資你。所以你要帶著自信處理這一點，讓他們知道你了解把這件事做好是你的責任。

## 目錄

要是你有做寫作計畫這會很容易。做一張所有章節的列表，加上每一章的總結；目的是給出版社清晰的概念，知道你的書囊括哪些內容，以及整體的特色。不過有些點在你開始寫作之後也有可能改變，但這無傷大雅。

## 試閱章節

加入一章或兩章的內容；不要用導論，而是可以展現本書調性和內容的章節。出版社會想要看看讀者在閱讀時會有什麼體驗，只是是以節錄的形式。

如果你還是想找傳統出版社，下一步就是為自己買一本《作家與藝術家年鑑》（*Writers' and Artists' Yearbook*，暫譯），裡面會列出整份清單，還有經紀人名單。或是如果你有任何出版社的人脈，用就對了。然後將你的計畫書連同一封令人無法抗拒的自薦信，寄給幾間你認為最適合的出版社，接著開始祈禱。最重要的是鍥而不捨，所以如果你沒收到回信或被拒絕，就繼續努力。眾所皆知J.K.羅琳（J.K. Rowling）的《哈利波特》被十二家出版社拒絕，最後才由布魯姆斯伯里出版社出版，所以世事難料！

## 自費出版：你得知道的事

　　自費出版你的書這件事本身，就值得寫一本指南來談了（而且還真的有這種書——請看「更多資源」部分的推薦），這裡只是簡短的概覽而已，列出你需要注意的部分。最需要牢記的重點，是因為你沒有自己的專業出版團隊，因此必須親自控管品質。出版社合作的供應商不見得比你的好，他們之所以和草率的外行有所區隔，是因為他們的標準很高。

### 編輯

　　你至少會需要一位文字編輯和校稿人員，可能也需要一位企劃編輯。即使這些步驟可能是整個過程中最花錢、最耗時的部分，也請不要省略。要找編輯可以請人推薦或看看你喜歡的書的致謝部分——編輯常因為他們的付出被感謝，你就能直接和他們聯絡。另一種選擇是專業的線上接案網站也可以派上用場。

## 封面設計

　　如果你想想看你是怎麼找書、決定買哪一本，就會發現封面設計很可能是你的決策過程中最重要的因素。每次我看到自費出版的書用著外行的封面時，都讓我很想哭。你是專業人士，所以請確保你的書看起來也很專業；這意味著聘請經驗豐富的書封設計師，來為你打造一個封面。

　　在你和設計師討論需求時，思考一下你想用你的書來給人什麼印象。需要考慮品牌標準色嗎？主題是什麼？有其他你很喜歡的書籍封面，想要效仿的嗎？你喜歡它們的原因是什麼？一旦這些你都清楚了，再看看有沒有人可以推薦你其他作者的書封設計師，或是去找專業設計公司。在你有整體的初稿設計之後，還要考慮它在網路書店的縮圖看起來如何。你會很驚訝書名要多大、多明顯才能看懂，以及可以留給其他設計元素的空間小到什麼程度。

## 封底簡介

　　除了封面設計之外，如果讀者是在實體書店看到書，封底的文字是把書賣給潛在讀者的第二要素。若是在網路書店，這些文字可以為線上簡介的宣傳文案提供範例。簡

介裡應該要包括它是為誰而寫、讀者能從中學到什麼，以及精簡的內容總結。你也需要加上簡單的自我介紹，說明你為什麼有資格寫這本書，再放一張大頭照。封底也可以放簡短的讀者推薦，但寫的人只能是讀者有聽過的。

記得，人們會看你的封底文案，來看看你的書裡面有什麼好讀的——而且很可能就只看這件事而已。我看過很多極度想讓潛在顧客印象深刻，結果描述過多細節的文案，到最後只讓他們覺得資訊爆量，頭暈腦脹。如果他們沒有被這段文字說服，就不會買書。書中的「寶藏」是什麼？以它為中心來架構你的文案。

## 技術性細節

你知道每一本書封底都有條碼嗎？那是國際標準書號（ISBN）的編碼，讓你的書籍上架販售時和其他書有所區別，還可以追蹤銷售情況。如果你是自費出版，則不一定要有ISBN，但它也是個好主意，因為如果有提供實際銷售數字的需求，就能靠它達成。如果你的ISBN內包括了正確的詮釋資料[43]，當有人在線上搜尋你專業領域的問

---

43　更多關於詮釋資料的資訊，請見'The Basics of Metadata', IngramSpark, www.help.ingramspark.com/hc/en-us/articles/115002276983-The-Basics-of-Metadata

題時，你的書也會出現在搜尋結果裡。英國作家向尼爾森圖書公司（Nielsen）購買，美國作家則找鮑克（Bowker）公司[44]。

另一個技術性細節是每本書的第一頁都會出現的版權宣告，它雖然很重要，卻沒有標準格式；所以要是你想，可以找一本你信任的書，然後以它為基礎來寫。

最後，如果你是在英國，就必須依法繳交一本已出版的書給大英圖書館，和其他幾間圖書館[45]。

## 列印與上傳

在古早時候，印刷書籍意味著一次訂幾千本，然後都堆在你的車庫裡。我還記得我爸，他是一個學者，自費出版的其中一本著作，已經堆到他房間的窗台那麼高了。不過現在，你可以上傳檔案，接著只要有人線上訂購，就能把它印成一本專業的書——簡直像變魔術。提供這項服務的主要是Kindle自出版（Amazon KDP，Kindle Direct

---

44　尼爾森公司：www.nielsenisbnstore.com/；鮑克公司：www.bowker.com/products/ISBN-US.html
45　手續可以在這裡查詢：'Legal Deposit', British Library, www.bl.uk/aboutus/legaldeposit/printedpubs/depositprintedpubs/deposit.html

Publishing）和IngramSpark隨選出版平台；Kindle自出版在亞馬遜網站上賣書非常有利，IngramSpark則比較適合其他通路。它們各有優缺點，有些作者為了它們的運作方式所帶來的好處，會選擇在兩個平台上都出版；你可以在網站上找到一些資訊，來幫助你做最即時的決定[46]。

如果你要出版電子書，不管是獨立的電子書或紙本書的電子版，都只要把檔案和封面上傳到通路平台就可以了，這幾乎一定會包括亞馬遜的Kindle自出版。以我的經驗來說，你最好在上傳電子書前，確認它的檔案類型與格式都正確（也可以花一點錢給別人做，省得麻煩），並在送出前先測試，確定它讀起來和你想的一樣。

一旦書成形了，你就可以用封底文案來建立線上銷售的敘述。這對於吸引讀者來說是不可或缺的，你必須確定你囊括了正確的關鍵字，這樣你的書在搜尋的時候才會被找到。

---

46　這裡有一篇解釋它如何運作的文章，很有幫助：'Why Indie Authors Should Use KDP Print & Ingramspark Together to Self-Publish Paperback Books', *ALLi*, www.selfpublishingadvice.org/kdp-print-ingram-spark-paperbacks/

## 合作出版：你得知道的事

如果你是用合作出版的方式，就某種意義來說，是兩者兼得的。你不用忍受自出版的麻煩，但的確得以保留它固有的掌控權。不過，你必須睿智地選擇出版夥伴。請你的同業作者們推薦，再和其中兩三家出版社討論。除了像成本或時間這種顯然會納入考量的因素之外，這裡還有幾個問題可以問。

- 你們在出版產業有什麼經驗？
- 可以給我你們出版過的書本樣書，讓我參考一下品質嗎？
- 你們付多少版稅？
- 如果作者自己買書來賣或送人，要花多少錢？
- 我能保有完整的書籍版權嗎？
- 你們做電子書和有聲書嗎？
- 你們有辦法把我的書鋪進書店或圖書館嗎？
- 你們提供什麼行銷支援？
- 有包含什麼編輯和校稿的服務？
- 我能不能和幾位與你們合作的作者談談，看他們覺得和你們合作如何？

隨便一個值得合作的出版社都會非常樂意回答這些問題，而且很多出版社在合作前都有一次免費諮詢，讓你談談你的書，這樣他們就可以建議你最適合哪個出版途徑。這個領域真的不見得愈便宜愈好，所以要確定你覺得自己真的適合和他們合作。等到你出書的時候，他們最後可能會變成對你最有幫助的後援隊。

　　現在你的書已經寫好正準備出版，你可以開香檳了。不過等一下——這一切還沒結束呢。你的書並不會自己賣出去，你知道吧！？該是思考行銷的時候了。這本書接下來的部分，都是在教你如何按照你的事業需求，盡可能賣出最多書，或在最廣的通路鋪貨，以達成你在一開始為自己設下的目標。我會憑藉在成為代筆作家和寫書教練之前，做傳統及網路行銷的二十年經驗，來陪你走這段路。我保證你會很享受這段旅程的。

**我們談到了：**

- 要出版你的書有三個途徑，每個都有它們各自的優缺點；它們分別是傳統出版、自費出版和合作出版。

- 傳統出版社在考慮和你合作之前，會要你提供出版計畫書。

- 如果你選擇什麼都自己來的自費出版，就必須學會出版程序。

- 合作出版社會收取費用，幫你執行出版任務的專案管理。

# PART 3
# 宣 傳
# PROMOTE

# 第十四章
## 如何行銷你的書

你的宣傳選項

除非有人想聽，否則故事不會存在。

——J.K.羅琳

　　茱莉亞是我的一位教練朋友，她在行銷自己的專業書方面有完美的經驗。出版在即，她寄了幾封電子郵件給她的工作人脈，請他們幫忙宣傳，然後在網路上發表了幾則Twitter推文和貼文。令她又驚又喜的是，她的書一上市就得到亞馬遜暢銷榜第一名。事實上，才不過幾天，她得到的五星評論就已經超過三十則，還受到廣泛推薦，幾乎是躺著也會賣。

　　不好意思，這從來沒有發生過，是我亂編的。在現實生活中，大部分書籍的銷售方式都需要更大量的時間和注意力，雖然還是可以很好玩啦。

## 讓你的擔心安息吧

　　對於宣傳自己的書，人們擔心的其中一件事是覺得自

己這樣太招搖。我們很多人都以為自己的書不好，即便我們在書中投入了那麼多專業，還得到編輯和試閱讀者的正面回饋，我們仍然是詐欺犯，不應該自稱為作家──這是我們不理性的恐懼，更加重了我們的憂慮。此外，很多專業人士都不太喜歡行銷的感覺；如果給人資或財經專家兩個選擇，問他們是想忙客戶的事，還是想宣傳自己？我都猜得出來他們偏好哪個。

這些擔心都可以理解，而且當然可以用成熟的方式來解決。然而，我愈來愈相信這種狀態的根源，是因為我們無法容忍不確定性。生命中有很多我們知道的事情：太陽明天還是會升起、我們不會無緣無故就改名，還有豌豆是綠色的。但我們不知道的事還更多，而且會因此覺得不自在。目前你的書都還在掌控下，可是它就要飛向世界，但你還有很多問題沒得到解答。它會賣嗎？賣給誰？人們覺得它怎麼樣？它會不會對你的事業有幫助？事實是你不太確定，但也沒關係──其實你的刺激旅程正要開始，你可以把它視為其中的一部分。

有些行銷會成功、有些不會，但只要你的系列活動裡有一部分可以點燃引線，就可以一飛沖天。除非你嘗試的

選項夠多，否則你永遠不會知道。而且，一個活動可能會帶來另外一個，會以你一開始根本沒料到的方式，讓事情開花結果。所以，當你在策劃行銷策略的時候，要預留一些彈性，因為你不知道它究竟會帶來什麼。如果你在事前就想百分之百確定，我能給你的最佳建議就是不要做任何行銷——這樣，你就可以確定只能賣給小貓兩三隻而已！

好消息是，為你的書做行銷絕對不會白費力氣，因為正是行銷這件事本身能夠提升你的專業地位，不管書賣得好不好。在你同時提到自己的專業和著作的時候，這兩件事會產生綜效，因為光是出一本書就很令人敬佩了。

## 從哪裡開始

從實用角度來看，你應該為書的行銷決定兩件事：

● 你在書出版之前及之後，應該要做些什麼，還有

● 在這兩個階段，你要分別行銷給誰？

讓我們更仔細地看看這兩個階段。

## 出版前行銷v.s.出版後行銷

我在第四章已經談過出版前行銷，細節就不在這裡多說了，但我建議你現在回去看一下那一章，來喚醒你的記憶。你在那個階段，有沒有建立你的作者平台，並且在寫作的時候仍然繼續經營呢？如果有，恭喜你了。如果沒有，已經沒有時間可以浪費了，為什麼不現在開始起步？接下來的兩章，我會帶你了解許多線上或實體行銷的選項，你就可以決定哪種適合你。

## 出版前讀者v.s.出版後讀者

在第十一章，你學到了試閱讀者為什麼很重要、以及如何善用他們；但出書後，這些人扮演的角色還是很關鍵。他們是你的擁護者——他們已經了解你的書，欣賞你的知識，對於你試著達成的目標也能感同身受。你還能做什麼來讓他們參與得更充分？可以免費寄一本書給他們，請他們在網站上留下中肯的評論嗎？讓他們能使用你為他們量身打造的社群媒體更新？邀請他們參加新書發表會？把這些人視為你的早期採用者，讓他們覺得自己不一樣。

除了你的一小群試閱讀者之外，你也可以在你的影響

圈裡，約略建立一份二十至三十人的名單，來發展你的著作行銷人脈。他們可以是和你有類似目標讀者群的個人，但又不是競爭對手；其他你之前合作過（或協助過）的專家、朋友、同事、（以前和現在的）客戶、相關產業的聯絡人；以及任何你知道他們會支持你，也很樂意幫你宣傳新書的人。把這些人寫下來，包括他們的詳細聯絡資訊，確保沒有漏掉任何人。

　　除了這一大群篩選過的人之外，你還會想觸及更廣的讀者。列出清單一樣會很有幫助，但這次要列的不是個人，而是族群。你可以找到哪些人？舉例來說，如果你的書是寫給對科學研究有興趣的人，讀者群就可能包括同儕科學家、把它當作業餘興趣的更大群體，還有該領域的學生。列清單時在每個族群旁邊加上一個欄位，寫上他們可能會用的行銷平台。科學家會閱讀學術出版品、參加研討會，還有在專業論壇上閒聊；但對科學有興趣的消費者，也許會加入相關的社群媒體社團、看部落格，也聽某些Podcast的節目。你各族群的讀者，都在哪裡出沒？他們的「集會所」在哪裡？

## 兩極化行銷（Marketing polarities）

喬安娜‧潘恩在她的出色指南《如何行銷一本書》（*How to Market a Book*，暫譯）中，談到她所謂的「兩極化行銷[47]」，對考慮你的書籍行銷很有幫助，因為它呈現出你可選擇的廣度。以下是我認為其中和專業書籍作者最相關的幾個組合，以及該如何應用的建議。

- **短期v.s.長期**：在發行的時候集中宣傳一波，還是細水長流的活動？

- **付費v.s.免費（或是金錢v.s.時間）**：你願意花時間累積長期讀者，還是要選擇付費廣告和置入？

- **在你出第一本書的時候，沒有固定讀者群v.s.出版後續著作，已經有固定讀者群**：你有用過什麼方法是適合你的嗎？還是這是你第一次實驗各種不同的方式？

- **傳統出版v.s.自出版**：若是傳統出版，像價格、封面設計和書名這類的事情，你很少有能插手的餘地；但如果是自出版，你可以想做什麼就做什麼，

---

47　Joanna Penn, *How to Market a Book*, Createspace, 2013.

也可以在你自己的網站上賣書。

- **線上（可能是全球性的）v.s.實體（也許比較在地）**：前者比較有拓展的空間，但後者的影響力更為集中。

- **內向v.s.外向**：哪邊最適合你——躲在鍵盤後面，還是面對人群（並和他們交談）？

- **電子書v.s.紙本書**：前者只能使用網路行銷，後者則可以在活動中或面對面販售。

- **資料導向v.s.讀者導向**：前者包括關鍵字和分類搜尋，但後者更注重的是演講、寫網誌，還有建立關係。

- **推力v.s拉力行銷**：推力行銷指的是廣告和其他侵入式技巧（interruptive techniques），但拉力行銷牽涉到的是吸引力和允許，讀者會自願被你拉過去。

所有這些選擇都沒有對錯，但我們應該記得它們並不是互相衝突的；例如短期和長期行銷可以同時進行。不過我認為這些選項的好處，在於得以幫你縮小決策的選擇範圍，你可以問問自己：

- 我本來就感覺容易被什麼吸引？
- 哪些需要學習，哪些我可以立刻上手？
- 哪些和我的讀者出沒的地方關聯性比較大？

## 磨練你的行銷平台

你該縮小範圍、投注你所有行銷實力的地方就是這裡。我很熱衷盡可能把你的書籍行銷變得簡單有趣，那就意味著把你的宣傳活動專注在投資報酬率最高的事情上。

### 你喜歡什麼？

如果你討厭Facebook，對公開演說的興趣就像小狗喜歡洗澡的程度一樣，你堅持在這兩件事上面的時間，可能無法長到足以產生效果。所以，你還是專注在喜歡的事情上，只要留一點空間給那些在你完全沒料到的時候，朝著你來的機會就好了。

## 什麼是你已經有的？

如果你的網誌備受喜愛，而你也很喜歡寫文章，它就是你能用來宣傳作品的資源。若你的訂閱者名單已經有幾百、幾千人，就很有機會藉由此管道來廣傳消息。若你的行事曆已經被演說的預約填滿，就計畫一下要如何把書結合到演講裡面，並在那裡銷售。換句話說，先善用你現有的行銷資源，這才是它們最能派上用場的地方。

盡可能讓你的行銷零阻力（friction-free），對你自己和讀者來說都是。雖然我們是在說如何讓事情單純點，你還是應該回去看一下第三章，教你如何讓書籍行銷更有效率。整合事業的現有客群和書的潛在讀者群不是每個專業書籍作者都會做的事，但就是這個重點，可能讓行銷的結果天差地遠——一邊會變成沒什麼收穫的苦差事，另外一邊相對來說卻比較不痛苦又有效。

所以，就從你現有的開始：你有什麼東西，是已經：1. 看得到成果，和2. 可以稍微調整或延伸一下，然後把你的書籍行銷囊括進去的？如果你想要增加任何其他東西，先問問自己這是不是個好主意——雖然答案可能是肯定的，但你要很清楚自己為什麼這樣做。

如果你沒有平台呢？倘若真是如此，很抱歉，你會發現要賣書很難。不過一切不會就此完蛋，因為你應該一定有連自己都沒發現的資源。在我幫助一個特殊客戶討論行銷選項的時候，她斬釘截鐵地認為自己完全沒有平台，但在深入挖掘之後，她發現她的確是有讀者的——只是她之前沒有這樣想過而已。五十幾個能夠進行口碑傳播的人迅速地集思廣益，因為幾年來她幫的許多忙，讓他們欠了一點人情；她有一個剛註冊的Twitter帳號可以準備開始打造，還有網站可以修改：放進一頁書的內容再加上亞馬遜的連結，與幾部關於她的寫作主題的訪談影片。

## 努力擠進暢銷書排行榜可能有害你的前途？

我會講到這一點，是因為我發現很多作者可能對數字、排行榜和銷售量都太執著了，我想要幫你們消除一些壓力。

在深入之前我得先說明一下，非文學暢銷書大致可以分成兩類。一類是你會在連鎖書店的「排行榜」區看到，或是名列在《星期日泰晤士報》之類的媒體上。這些名單是以受廣大讀者歡迎的主流成功來計算的，題材通常都是

比較普遍的興趣，切入的角度也很有吸引力，幾乎一定是由傳統出版社出版。另一類是在亞馬遜的同類別書籍中稱霸的作品，在它們的銷售數量成長為冠軍時，就會得到亞馬遜「銷售第一（#1 Best Seller）」的小旗作為獎勵。這些書的主題可能就比較小眾，因為亞馬遜會把書籍類別分得比較細；事實上，書的主題愈明確，愈可能得第一名。一些這種類別的書銷售量可能相對較低，但還是可以「銷售第一」。當然，這兩種暢銷書類別可以重複，但知道其中的原理是有幫助的。

接下來，我們來看看為什麼大家會把書籍銷售看得這麼重要。暢銷書這種永遠只能望塵莫及的目標，是來自所有書都還是由傳統出版社出版的年代。因為出版社都會預先投資在要出版的書上，所以當然會專注於數字，這樣才可以盡可能賺取更多利潤——其實到現在還是這樣。對銷售數字的重視，導致對暢銷書排行榜的關注，作者和出版社也會一起沐浴在排行第一的共享榮光中（通常得透過昂貴的宣傳工作達成）。

就像我剛說的，因為線上通路在各書籍分類的銷售排行就在你眼前起起伏伏，更助長了這種對排行的關切。有

時感覺好像唯一重要的事就只有成為暢銷書，導致你認為除非你的書也是其中之一，否則還是放棄，回家洗洗睡好了。但就如同喜劇演員史派克‧密利根（Spike Milligan）的呼告一樣：「我想要的就只是一個機會，讓我可以證明金錢無法讓我快樂而已，」賣出整疊整疊的書也不是理所當然就會有成就感，可以得到成就感的其他方式太多了。

因為雖然變成暢銷書也不錯，但最近，這很少會是一本專業書籍被寫出來的主要原因；你真正的收穫會是充實的資歷以吸引更多客戶。為了帶來在你門口大排長龍的興奮顧客，你需要賣出多少本書？這個數量只要剛好能讓你在正確的人面前站出來就夠了。事實上，你可能會決定送出幾本書，當作比較貴的名片。

然而若你要把重點放在大量銷售上，還是有比較麻煩的一面，因為它甚至可能導致你危害到自己的書的成功。聽起來可能很極端，但請聽我說完。

第一，你可能會因此以一種沒什麼建樹的方式，改變你的目標讀者群。假使你是一位生活教練，專長是幫助四五十歲的離婚女性重建她們的生活，而你的書的計畫，是把你定位成諮詢專家。你固執地想把它變成大眾暢銷書，

因為你聽說這件事有多重要，而且再怎麼說，誰不想當排行榜上的第一名啊？但你的小眾讀者沒有多到可以撐起幾千本的銷售量，所以你把目標放寬到所有年齡層的女性。這可是一大群人，而且在你這麼做的同時，就已經失去你的重心了──也就是她們在生命中的特定時間點，所面對的特定問題。現在，你的書或許會變成暢銷書、或許不會，但就算它真的變成排行冠軍，那些讀者也不會是你擅長協助且志同道合的離婚客戶了，你會成名的原因，反而是出自你的泛泛之論。這不是你原先想靠你的書達成的目標吧，是嗎？

其次，要組織一個以暢銷書為目標的活動企畫需要專注的投入，但可能會讓你從日常工作分心。如果你在整整兩週的宣傳期中，一有空就把時間花在推廣你的書上的話，誰知道你會錯失什麼機會？宣傳期結束後的幾個月，如果你忙著趕進度，已經精疲力盡到無法在工作上多花心思，銷售結果又會變得怎樣？

我並不是反對成為暢銷書，雖然看起來很像──根本差得遠了。如果你的書在排行榜名列前茅，會是一個很強烈的行銷訊息。我只是要表達它並不值得你忽視事業的其

他部分，或是為了它改變目標讀者，更別說如果你沒達到會感覺自己有多無能了。

## 追求成為暢銷書

話雖如此，但如果你已經決定一出版就要成為網路暢銷書該怎麼做？

你會需要在出版時間前後，籌畫一次集中的推式策略（marketing push），這樣才能在短時間內盡可能賣出最多的書。如此一來，辨認出你的銷售模式的演算法，就會將你推向排行的頂端。你可以用這些方式，在書上市的時候促進購買：

- 在網站上設一個頁面，告訴潛在讀者若在特定某天買書，他們就會收到你另外寄送的特別內容；請他們上亞馬遜買書，然後回你的網站登記訂單編號和電子郵件位址。接著你就可以把贈品寄給他們，像是一些情報、影片連結，以及可以幫助他們把你的書了解得更透徹的附加內容。這樣你也能收集到他們的電子郵件名單，以供將來使用。

- 出版前及出版當天都要寄電子郵件，給你的訂閱者名單和所有可能有用的人脈，鼓勵大家造訪網頁。這很重要，因為你想讓他們準備好在那個時間點採取行動，就只要在那個時間點。
- 用社群媒體做同樣的事。開辦線上講座，或執行其他特別為衝高當天銷售量而準備的行銷活動。
- 要求你的重要支持者幫忙宣傳上市消息。想想看，如果他們每個人都跟你一樣，將所有努力集中在同一天可以達成什麼目標？幫他們寫幾篇電子郵件和社群媒體的內文範本，把這件事變簡單，這樣他們只需要複製貼上到自己的平台上就可以了。
- 在你的書出版之前和出版當天，傳兩三個簡短的訊息給這些支持者。每個人都很忙，也很健忘，所以要有萬全的準備。
- 出版當天，你就緊張地祈禱、一直看排行榜就對了。如果你登上第一名，就可以大聲歡呼。存一張螢幕截圖為證，流傳給後代子孫。用每一種可能的管道招搖地誇耀你的成就，累到不支倒地也沒關係。現在你可以自稱是暢銷作家了——幹得好！

目前，我們已經討論過行銷你的書所代表的意義，以及整體來說是怎麼運作的。接下來，我們就要深入書籍行銷的線上與實體方式了。

**我們談到了：**

- 試著不要擔心自己跟書一起站在聚光燈下這件事
  ——畢竟這本來就是我們要的。

- 你的兩個主要決定，是去選擇你要如何在書出版前
  與出版後宣傳，以及你在這些階段的目標讀者分別
  是誰？

- 用你喜歡的方式和已經有的資源來做，不要太為難
  自己。

- 變成暢銷書不一定像大家說的那麼好，但如果你覺
  得這很重要，還是有些能達成的方式。

# 第十五章
# 實體行銷

以無科技的方式宣傳你的書

有研究顯示，人第一怕的事情是公開演講，
第二才是死亡。這表示普通人在參加葬禮的時候，
寧願躺在棺材裡也不要致悼詞。

—— 傑瑞·史菲德（Jerry Seinfeld）

　　把行銷分成實體和線上活動似乎有點牽強，因為它們的目標，都是讓正確的讀者注意到你的書，不管他們平時在哪出沒。然而，這其中是有道理的。首先，實體行銷的前置準備時間通常比線上行銷長，也需要不同的技巧和考量。而且，把行銷分成不同部分，也會讓這個主題比較好消化——這向來都不是什麼壞事。

　　在傳統和線上行銷的章節，我都會解釋其中的行銷基本組成是如何運作的，以及它們的優缺點。當然，我覺得是優勢的地方，你可能覺得是劣勢，反之亦然；有句話說「各花入各眼[48]」。但是沒關係——我最想要的結果，是你去決定你要做什麼。把這些選項當成是自助餐提供的菜

---

48　譯注：原文different strokes for different folks，可翻為「人各有所好」，但這句話用此句解釋更傳神。

色，最吸引你的就自由取用；但小心不要變成吃到飽，免得結果讓你的行銷消化不良。

實體行銷就是你可能以為的那種「傳統」老派行銷，與人面對面或靠著平面媒體宣傳自己，像是二十年前才會做的事。在我看來，它尤其因此而更加迷人；但我的意思不是它有什麼固有的地位。它只是除了網路之外，另外一種行銷你的事業和書籍的方式而已。

## 實體行銷的優勢

有些經營者覺得和網路比起來，實體行銷比較自在，不需要設定一堆帳號，或是處理社群媒體的複雜細節；它有它直接了當的地方。如果你習慣這樣做生意、對你來說行得通，就盡可能好好利用；因為實體宣傳也讓你有機會在和其他人見面時，親自把書介紹給他們，這有強烈的效果。

但它的確也有其限制。你實際能接觸的人數是有上限的（就算是在擠滿人的研討會演講），而當你想要賣出大量的宣傳商品——也就是你的書——時，一場活動能售出的數量就只有這麼多。

這裡依序有一些主要的實體行銷選項及優缺點，應該可以幫助你決定要專注在哪一種上。

## 平面媒體、電視、廣播電台的媒體宣傳（PR）

談到書籍行銷，人們想到的通常都是媒體宣傳。這在實體行銷中，可能有幾種不同的形式：平面媒體文章、訪談、書評、電視或電台訪談。我對於花太多時間在這些管道上的心情很複雜，因為你必須考慮到它們能不能導向更多的銷售。受眾在使用平面、電視和廣播媒體時，通常離你的書最近的販售點——也就是電腦或行動裝置——都很遠。如果書的潛在消費者是在地下道裡搭著倫敦地鐵，從雜誌上看到你的書，當他們重新回到有網路連線的地面時，就很有可能會忘記；即使他們記得，手邊也沒有連結可以點。不過，網路上的宣傳當然就不是這麼一回事。

然而，有效率的媒體宣傳能為你的事業帶來極佳的曝光度，尤其是如果公開宣傳你曾在知名媒體管道上曝光。從這個意義上來說，你的書是可以和媒體人談論你的事業的藉口。你看多少談話性節目，播到最後才發現特別來賓剛好才剛出一本書而已？這也太巧了吧，不是嗎？

那麼你需要什麼來產出媒體曝光呢？所有記者都會想要某個切入的角度，最好是有話題性的。你的書可以連結到時下的哪個議題？對他們來說有沒有情緒或人性的因素？你的誘因愈新、爭議性愈強、愈是受情緒驅動、愈私人，就愈有機會。而且要準備好立刻回應：在Twitter上追蹤#journorequest這個標籤是個了解情況的好方式。各領域的記者都會這樣找受訪者，採訪他們的題材——那個人可能就是你。

你可能聽說過新聞稿，還有它對在媒體上發表你的書有多重要；而且這是真的，記者在決定要寫什麼的時候確實會拿來參考。有很多線上資源可以學怎麼寫新聞稿[49]，但你也可以選擇聘用專業的公關人員，來精心準備你的新聞稿內容，以及代你和媒體聯絡。要讓你的書被媒體注意到需要許多吃力不討好的工作，對於這些事，你本人很有可能沒有時間或是適應不了。

不過，你也可以用自己的人脈，來聯絡有關的作家或採訪者，密切注意任何機會。得到某專家的採訪機會，通

---

49 'How to Write a Press Release for a Book Launch', *Made for Success Publishing*, www.madeforsuccess.com/uncategorized/how-to-write-a-press-release-for-a-book-launch/

常重要的只是在正確的時機，出現在正確的地方而已。


## 媒體宣傳的優點

- 若你以自己的書作為誘因，來獲得成為鎂光燈焦點的採訪或是專文，這將是你絕佳的事業宣傳
- 有些媒體有大量的觀眾群
- 它是免費的（除非你聘用專業公關人員）


## 媒體宣傳的缺點

- 不保證一定有報導
- 它不是促進書籍銷量的最佳平台
- 可能很費時又令人挫折


# 活動演講

　　我第一次受邀演講「如何寫一本專業書」的時候，用了這本書的大綱來準備。當然我傳達資訊的方式和在本書中是不一樣的，但是把它當成開始著手的點很有用；這也表示我最後還是答應了這個演講機會，不然想到要花太多心思我可能就會拒絕。這顯示有一本書和身為講者這兩件

事是相輔相成的。你的書可以作為演講的基礎，而且一旦你變成作家，對負責籌辦演講的人來說就有吸引力得多了。我代筆的其中一位客戶告訴我他的書出版後，他甚至還可以把自己的演講費往上多加幾千鎊。

如果你是一名講者──不管是專業還是業餘的，你要怎麼用演說來宣傳你的書？只要主辦方許可，在演講會場上賣書是一種方式；有些講者甚至會要求主辦方買下一定數量的書，作為一部分的演講費。另一種方式是時時思考你可以怎麼把書帶到演講內容裡。下次你演講時有錄影機會，確保你會把書拿起來展示給觀眾看，並把這段影像加入你的公開影片中。或是在你就書的主題受訪時，製作這整個過程的系列影片如何？你就可以藉此讓你的書，和你身為講者已經在做的事業行銷結合了。

每當你收到預約詢問時，就寄一本書給他們。有個專業講者給我一個建議，就是根據他們的演講主題，在封面貼張便利貼，寫上你推薦和他們最相關、可以事先閱讀的章節。閱讀你的書會讓詢問者感覺到你的語調和說話方式──甚至在你們還沒見面前，他們就可以認識、喜歡並相信你了。

## 演講的優點

- 反正你都要演講，用你的平台來宣傳著作也是很正常的

- 你可以在演講場地賣書

- 為和你的書有關的受眾安排演講機會，是把書公開展示的絕佳方式

## 演講的缺點

- 你一次就只能跟那麼多人說話

- 如果你的演講技巧和經驗都不足，需要練習才能變得熟練；但若只是為了要宣傳你的書，你可能不會想開始學

# 人際網路

如果你的事業已經有面對面的人際網路了，隨身帶幾本你的書也是很合理的。著作是最終極的名片，因為它比任何東西都能描述你和你的專業。如果你和哪個對你提供的協助似乎很有興趣的人建立起不錯的關係，就送他一本書，或是之後再寄給他（這就是後續聯絡的好藉口）。

### 人際網路的優點

- 當面介紹你的書有很強的力道
- 著作比名片還有效

### 人際網路的缺點

- 你一次可以見到的人數有限

## 新書發表會

倘若想要辦派對，沒有什麼比剛出一本書還要順理成章的藉口了。如果連在這種重大時刻，你都不能訂個場地、提供飲料邀請朋友和家人，還有什麼時候可以辦啊？辦新書發表會絕對不是必要的，但如果你是喜歡社交的類型，這會是鞏固你的事業人脈、拓展新關係和宣傳新書的有趣機會。比起開趴，我個人是寧願把我的書一頁一頁吃掉，但那是因為我討厭在擁擠的房間內成為注目焦點。不過，如果你覺得這聽起來蠻好的，就去做吧，別客氣。

然而，在你預定之前，必須先弄清楚你一開始為什麼要辦這個發表會。這些是辦發表會的前幾名原因，你也可能把四個原因合併：

- 和你的家人、朋友一起慶祝辛苦耕耘的成果；
- 為了感謝在寫書的旅程上幫過你的專業人士和支持者，並與他們建立關係；
- 為你的書增加媒體曝光度；
- 在發表會上賣書。

　　讓我們刪掉其中一項好了，如果辦派對的主要目的是邀請朋友和家人，就不太可能會有很多具影響力的記者來寫新聞稿。記者要的通常是白天的活動，場所要便利；但你的親友卻可能偏好晚間聚會，地點要離他們的住處近。你也得習慣記者的這種名聲，他們常常說好會出現，然後在最後一分鐘爽約。他們需要很充分的理由，才能把你的新書發表會當成一場值得擠出幾百字報導的活動，但大多數時候現實並非如此。你可能會吸引到一或兩位本地記者，或是對你的小眾主題有興趣的專欄作家，但你要是寄一本書去然後要求他們評論，差不多也是同樣意思。

　　不過，如果你把發表會視為酬謝每個幫助過你的人的方式，就一定會對推廣你的書有所助益。這些是你想要他們繼續支持你的人——你的核心戰友。把他們聚在同一個

物理空間中，就是一個具體的致謝方法，也讓他們可以拓展各自的人脈。如果要鼓勵他們參加，問問你自己如果他們來了，會得到什麼？你能不能給他們一個接近重要人士、並且彼此交流的機會？對他們來說有何好處？有位由我代筆的客戶，邀請了一位高調的媒體主持人來新書發表會採訪她；這個方式很有效，不只提升了書的知名度，也同時吸引人來參加。

至於場地，記得選擇大小和預算都適當的地方。可能有些附近的咖啡店或旅館，只要你向店家購買飲料和點心，就可以免費提供場地；但如果你想要比較特別的地方，就要有付費的準備。留點時間給大家建立人脈也是個好主意（記得，你要考慮參加者想要的是什麼）。現場通常會有簡短的演說、也許再朗讀一段書裡的內容，還有最後的問與答。等到時間到了，你會需要留一點時間來簽書。這時候攝影師就派得上用場——要增加自信，再也沒有比這更好的方式了——拍一張你在自己的新書發表會上，幫一疊書簽名的照片！

你也可以考慮其他方式，讓新書發表會的重點不只是關於你的書而已，更可以用來宣傳事業。任何媒體曝光、

照片和影片都能放在你的社群媒體和網站上，如果能設法納入地方電台或公關報導就更好了。充分利用所有你應得的資源。

你會需要大量的書來簽名和販售，再加上一張可以展示著作和現場收款的桌子。後續再和來賓保持聯絡，感謝他們，並要求他們把照片分享在社群媒體上。你也可以試著說服他們在網路上為你寫書評。

## 新書發表會的優點

- 如果你熱愛派對，它是很好玩的
- 它對建立人脈和鞏固事業關係很有益處
- 你可以用活動帶來的成果，在社群媒體和網站上宣傳你的書

## 新書發表會的缺點

- 籌辦可能需要昂貴的成本，也很花時間
- 實際得到的媒體曝光可能比你預期的還少
- 它本身就不是會賺錢的投資

## 研討會和活動

　　不管你是與會者、演講者或參展人，研討會都是一個歷史最悠久的方式，讓你可以認識一整群有和你相同專業興趣的人。有好幾種方式能在會場上把你的書介紹給人群。你可以在展場租個攤位來展售你的書，站出來演講或只是穿梭在人群中，把它當成一場大型聯誼活動（不過這種的效率比較不好）。你也可以問主辦方會不會發送贈品袋，因為你的書應該會是超值的附加贈品。

　　這裡有個如何運用展會的例子，我的一位代筆客戶在展會前，挑選了幾位可能出席的人來寄送她攤位的邀請函，隨函附上抽獎活動，有機會免費得到她的簽名書，還可以參加小競賽，贏得額外獎品。她甚至還成功和一位正好在現場參觀的政治人物合照，手裡握著自己出的書。結果就是等著要見她的人大排長龍，產生有價值的新交易。

### 研討會和活動的優點

- 若你無論如何都會參加活動，那麼你的著作可以為你的出席加分
- 如果展會是你的目標，你可以利用書來把自己介紹

給潛在客戶

- 在活動演講，是說明陳述你的著作價值所在的絕佳
  方式


**研討會和活動的缺點**

- 活動都很花時間，參展或參觀的費用也可能很驚人
- 雖然你接觸到的人會比聯誼活動還多，但人數仍然
  只限於你有辦法交談的數量

## 為你的著作報名圖書獎

　　很多專業書籍作家不會想到這件事，但錯失這麼好的機會真的太可惜。可以自稱為「得獎作家」實在是難得的殊榮，也可以大幅提升你的自信。我自己就曾擔任專業書籍獎的評審，讓我得以一窺這些活動幕後的進行方式。所有獎項的運作方式都不同，但通常你的書會根據你送件時提供的資訊，以及作品本身來評審。這表示準備好引人入勝的宣傳論點非常重要，而如果你在寫書之前有先計畫的話，這件事就很簡單。

### 要怎麼報名徵選？[50]

　　1. **決定要報名哪些獎項**（記得，有些獎是禁止一稿多投的）。值得一試的非文學類好書獎有：英國專業圖書獎（The Business Book Awards）、金融時報與麥肯錫專業書大獎（the FT & McKinsey Business Book of the Year Award）、公理專業圖書獎（Axiom Business Book Awards）、800位CEO嚴選專業圖書大獎（the 800-CEO-READ Business Book

---

Awards[51]，暫譯）、英國特許管理學會年度管理書籍大獎
（CMI Management Book of the Year，暫譯）、迷你專業圖
書獎（the Small Business Book Awards[52]，暫譯）、APEX年
度卓越出版獎（APEX Awards for Publication Excellence，暫
譯）。你的選擇條件應該要涵蓋參選規則細項，以及該獎
項有沒有適合你報名的類別，還要看它的目標讀者是否和
你的一致。

2. **詳細檢視參選資格**，這樣你才能了解參賽的眉角。

3. **仔細撰寫用詞精確又令人著迷的參選文件**。這必須
視個別獎項的要求而定。

4. **寄出參選稿件，然後祈禱**，至少可以先把你最體面
的西裝或禮服送到乾洗店。

如果你夠幸運在入圍名單中贏得一席之地，請盡可能
利用你的社群媒體、訂閱者名單、網站和亞馬遜介紹讓這
件事廣為人知。如果你在某個書籍類別、甚至是整個大獎
奪冠，就等於淘到了行銷的黃金，完全允許在公開場合情
不自禁（承認吧，反正不管怎樣你都很可能會興奮過度，

---

51　譯注：現已改成Porchlight Business Book Awards，https://www.porchlightbooks.com/awards
52　已停辦https://smallbiztrends.com/book-awards

那還不如在興頭上多賣點書）。你會發現主辦單位也很樂意為你宣揚勝利，因為這能夠增加彼此的知名度。大部分的獎項都會頒發一個獎項得主的標章設計，記得把它加在你的封面上。

## 徵選的優點

- 如果你入圍或得獎，對你的可信度來說是錦上添花
- 頒獎典禮（如果有的話）是建立人脈的絕佳機會
- 順利的話會增加書的銷量

## 徵選的缺點

- 可能很花時間，而且（有些競賽）報名費用高昂
- 你的書的命運掌握在別人手裡

**我們談到了：**

- 實體行銷的迷人之處在於它是很貼近個人的——你有機會和人面對面談論你的書。

- 但它的缺點是規模受限，對書籍的網路銷售來說效率也不佳。

- 實體行銷最主要的管道是媒體曝光、演講、建立人脈、新書發表會、研討會和報名圖書獎。每一種都有各自的優缺點。

# 第十六章
# 網路行銷

用你的網站和社群媒體來宣傳著作

人非聖賢，孰能無過，但真要把事情搞砸的話，
還是需要一台電腦。

——保羅・埃力克（Paul R. Ehrlich），美國生物學家

　　網路行銷有這種力量，可以放大你說過或做過的任何
事（所以才有上面那段引言裡隱藏的幽默）。我很愛這種
說法，但那時候我是個作家，坐在書桌前面就是我認為的
天堂。而且，我還擔任了好幾年的社群媒體經理，為各種
類型的公司形塑並管理它們在網路上的形象。我在這方面
的經驗可以透過兩種方式幫助你：如果你比較喜歡實體行
銷，你會從本章學到很多；但如果你和我一樣是網路行銷
的愛好者，肯定會發現你之前從來沒想過的事物。

## 線上行銷的優勢

　　你可以把網路世界當成是有幾百萬人口的大型城市；
它的觸及力幾乎無限大，你甚至不用離開舒適的椅子，就
可以在其中的街上遊蕩。在這幾百萬人裡，會有幾千人的

希望和夢想，是你的書可以幫忙實現的。聽起來很吸引人，對吧？然而，如果你可以輕易使用這些數位高速公路，對於其他正在宣傳作品的人來說，也是同樣容易。所以你必須為自己設計一個獨特的身分識別，並且把訊息集中在一群夠小、可以建立有效率的關係的目標讀者身上。

換句話說，在實體行銷的時候，你可以避免你的職業被某種程度的概化，因為有機會建立面對面的關係，能讓你被記得（「我是人生教練」），但在網路上就沒有這種好事了。如果潛在消費者沒有立刻被你強力的行銷訊息抓住，他們很快就會轉移到下一本競爭者的書。在網路城市裡，你的書必須像閃耀的摩天大樓一樣突出，本章就是要教你如何做。

## 你的網站

我想你的事業應該已經有自己的官網了，不太需要特地再為你的書建一個網站。其實在你現有的網站上宣傳新書通常會比較好，它們的行銷成果可以相輔相成。網站的瀏覽者會對你的權威加倍信任，因為你不只在那裡展現你的專業，顯然還寫了一本相關的書。

你至少要在網站上新建一個網頁，來介紹新書的特點。如果你的頁面標題和內容用上了正確的關鍵字，人們在向Google尋求同領域的建議時，就得以偶然發現你的書──他們甚至可能不是在找書，但會因此碰巧看到。放上一張書封的照片，告訴大家它是寫給誰、能夠提供哪些獨特又即時的建議或資訊，以及你的潛在讀者可以藉由閱讀它來獲得什麼知識？他們的生活將變得如何不同？他們可以從裡面得到什麼？這裡也是用來放購買連結的地方；如果你是在自己的網站上銷售，可以用促銷活動來吸引消費者。

　　不過，網站的用途不只是宣傳你的書而已。你也可以用它來提供讀者額外的資源，藉此提高本書對他們的價值。如果你用電子郵件位址，記得先把這些資源「擋」起來，附加好處是可以持續和讀者進行長期的線上對話。我們稍早談過書裡的用戶磁鐵，這裡有幾個與那個概念相關，但又是更深入的點子，比單純的PDF或影片還要具體。

- **心理測驗**。你的書裡面有沒有「你屬於哪種事業或哪種人」的內容？如果有，網站上的互動小測驗可能會對讀者有幫助。你也可以從結果學到很多；我的一位客戶發現她的讀者對某個特定領域的熟悉程度，比她以為的要低得多，因此她就利用這個發現，來催生她的工作坊和下一本書。

- **本書資源**。如果書裡有一些資源要提供給讀者，你可以把它們全部彙整成一頁放在網站上，網址是www.yourdomain/bookresources（之類的）。這裡會放書中提到的下載資源或影片的連結，記得要求輸入電子郵件位址，才能存取這些內容。我等等會教你如何利用這些電子郵件名單。


### 網站的優點

- 你已經有網站了，所以用它來宣傳你的書很合理
- 你想怎麼用它都可以
- 你可以逐一加入行銷元素，或是一次全部上線——由你決定

## 網站的缺點

- 依據你的網站平台和技能熟悉程度的不同，你可能需要花一些錢改出你想要的樣子。我會推薦WordPress網站，因為它可以加入外掛程式，來提供你需要的功能

# 你的網誌

從某方面來說，專業書籍有點像是結構完整的巨型網誌。兩者都針對特定讀者群分享實用並具啟發性的資訊，目的也都是改善讀者的生活或工作。差別在於網誌是小段小段地寫，發布之後也還能更新；但書就是把整件事一口氣做完，然後就「永垂不朽」了。就是因為這樣，網誌是宣傳著作的好地方，而且你在寫書的時候，已經產出許多你所需的網誌內容了。

寫網誌有很多方式，你可以寫「如何……」的指南、採訪和你有相近讀者群的專家再寫成文章、精心準備一篇「吃到飽（all you can eat）」文來深入解釋書中的某個主題，或是寫一篇較具爭議性或宣言類的文章，來強調你對自己主題的特殊意見。

除了上述方法之外，你還可以試試這些點子：

- 根據書的內容建立一系列網誌文章，在每篇文章的內文和結尾都提到你的書（順便放上買書的連結）；

- 精選一份和你的作品類似的書單，包括你的書在內，為它們撰寫中肯的書評；

- 向任何協助過你寫書的人或曾幫你推廣的專家，為你的網誌邀稿（他們也會想對他們的讀者宣傳這篇文章）；

- 拍攝一系列影片來談論你書中的各種內容，在YouTube頻道上主持，並把它們加入你的網誌。

## 網誌的優點

- 如果你是在自己的網站上開設網誌，就已經是在使用免費的現成資源了

- 可以為你的網站帶來流量

- 你可以稍微更動書中的內容

### 網誌的缺點

- 耗時

- 寫網誌的方式和寫書不同，因為比起長期維持讀者的興趣，你必須更留心吸引他們的注意力

## 你的訂閱者名單

我會教你使用訂閱者名單的兩種方式。第一是用它來賣你的書，第二是一旦讀者買了書之後，你可以用它來和他們保持對話。我們先來看第二種。

想像一下這個生活中的場景：你擁有一家熟食店，有些客人會一直回購（熟客），有些則是偶然經過（新客）。為了回饋熟客，不管他們什麼時候進來，你一定會和他們聊聊天。

「瓊斯太太，今天好嗎？」你問。「要平常的燻火腿嗎？還需要什麼？我們這禮拜進了一些新貨。」

「喔，沒關係，」瓊斯太太回答。「我只是來買好吃的起司而已，但我明天會再來試試看火腿。我先生可能也會來一下，他很喜歡那類的東西。」

「太好了，很期待見到你們。我們那時候也會有一系

列的手工酸辣醬試吃。」

在你閒聊的時候，進來了幾個新客，到處看看，很快又走出店門。你看見常客的價值所在了嗎？他們的忠誠度較高，較有利可圖，也更有可能推薦你──不管是實體或網路商店都一樣。同樣地，你的讀者一開始也是新客，而你的目標是至少把其中的一些人變成熟客。這麼做最好的方法是和他們保持聯繫：要把一個一次性的交易關係（買你的書）變成長期關係，電子郵件是很理想的數位方式，因為你有機會固定對讀者說話，就像你如果開一間店也會跟顧客聊天一樣。

如果你已經會向目標讀者群固定發送電子郵件，就算是贏在起跑點上了，因為書中的用戶磁鐵會擴大你的名單，並讓你得以拓展活動。要是寄電子郵件對你來說還很陌生，現在就是考慮它的好時機。你的目的是定期發送有趣的知識性內容，來展現你的專業。有能力助人又博學多聞是很不得了的優勢，能將你和其他許多作者區隔開來。接著，等到有活動要開跑、招攬新客戶、甚至是銷售新書的時候，你就已經有現成的目標讀者了。它的報酬率很高，也是一個貼心的方式，可以得到讀者對你的作品和想

法的回饋。

要做這件事，你得先找一個電子報行銷工具來建立帳號，例如MailChimp、AWeber、Constant Contact或ConvertKit——因為名單隨時都在成長，所以去研究你所需要的最新選擇，是很值得的。大多數軟體都有免費版可以試用，但投資一點小錢在專業版上，等到你能利用它的更多服務的時候，自然會有所收穫。把目標設在一個月至少寄一封電子報，要是有可能，就每個禮拜寄一封。為什麼不放上網誌最新文章的連結、簡短報告讀者的產業有什麼新消息，或是分享可能與其相關的任何想法和經驗呢？而且就像在書裡一樣，你也會想要展現自己的個性。對於如何有說服力並清楚地談論你的點子，你現在已經做過許多練習，所以要把它變成一封電子報應該很容易。

現在，我們來看看怎麼用訂閱者名單來賣書。如果你有固定運作中的電子報，用它來行銷你的書是完全合理的——不管名單上的人數有多少。想想這兩個主要的選擇：

● 藉由建立讀者的期待，來激發興趣和銷售；

- 藉由摘錄書中的重要論點或提供折扣與誘因，長期促進書籍銷售。

至於用上訂閱者名單的時機點，你可以在出版的時候創造話題，也可以作為持續性的滴水式宣傳（promotional drip）；甚至只是告訴收件者你寫了一本書，這件事本身就足以建立可信度了。你很可能會看到你的業績跟著作品的銷量一起飆升。

**電子郵件的優點**

- 你擁有你的訂閱者名單，和社群媒體平台不同的是——沒有人可以從你那裡奪走它
- 它讓你得以和讀者建立長期關係
- 寄送電子郵件是販售你的著作（和服務）既直接又有效率的方式
- 技術和成本門檻都很低，操作容易
- 使用方式很靈活

**電子郵件的缺點**

- 要固定時間發電子報，需要時間和投入
- 如果你沒有堅持下去的話，名單就會「冷掉」，你會發現未來很難產生什麼收益

## 社群媒體

我常常覺得這世界上分成兩種人：聽到「社群媒體」這個詞就眼睛一亮的人，還有一聽到就翻白眼的人。你是哪一種──是眼睛一亮的，還是翻白眼的？如果你是後者，本書的這部分並不是想逼你做不想做的事；當我說你想做的行銷才是會奏效的行銷的時候，我是認真的。但反正就讀一下嘛，為什麼不呢？說不定裡面有能促使你重新評估社群媒體的金礦？如果你是眼睛一亮的那種，就繼續讀下去吧。

社群媒體很重要的一點，在於它並不是速效藥。你必須花時間建立連結、認真投入，雖然還看不見結果，但就要先發布實用又有趣的內容；這最少得花上好幾個月。接下來的內容，是建立在你已經有一定的能見度，或至少願意花時間去做的前提下。另外一個建議是不要用社群媒體

公開銷售，因為這會引人反感。相反地，你要做的是建立關係，找到可以賣書的間接方式——在接下來的各平台介紹中，我會說明怎麼做。

在我寫這本書的時候，主流的專業社群媒體是由幾個相對少數的平台所組成的：LinkedIn、Twitter、Facebook和YouTube。有些人會把Instagram也算進來，但我在這裡不會深入討論，因為它只對某些特定的產業類型有用。從我之前擔任企業社群媒體經理的經驗，這裡有一些實用的建議，告訴你如何用它們來行銷你的書。

## LinkedIn

很多人因為它枯燥無趣而不考慮，但如果你的書在LinkedIn上被注意到了，其實還蠻令人興奮的。試試這些訣竅：

- 在個人簡介的頭銜（profile headline）加上「作家」；
- 在個人簡介裡提到你的書，以及它如何幫助人們；
- 在個人檔案頁面最上方的橫幅區域，放一張書的宣傳圖檔；

- 就你書中的幾個主題寫一系列的文章，接著在文章最後連結到你網站（或是亞馬遜）的書籍頁面；
- 發表一篇文章來公告你的出書資訊，並加入人們可以連上購買的連結。

別的不說，光是在LinkedIn上面提到你是專業書籍作者，就足以增進你在網站上的權威了，你大可把其他事情都看成是賺到的。

## Twitter

你在用Twitter的時候會得到很多樂趣，這個平台的本質很適合重複訊息和發布內容。試試這些點子：

- 在你的個人簡介加上「作家」兩個字（空間夠的話再加上書名），也把書的照片設成封面照，立刻就能增加信任度；
- 排定時間表來發布一系列宣告書籍出版日的推文，加上醒目的照片和線上預購的連結；
- 發一系列網誌文章的推文，著重在書相關主題上。

## Facebook

對許多專業書籍作者而言Facebook不是特別重要的平台，因為它比較適合私人內容，而不是專業；但這也說不定。很多作者在上面有大量追蹤數，可能是他們的個人頁面或粉絲專頁（或兩者皆有），如果你已經是，那麼在上面談你的書絕對是個好主意。或是若你剛好也和目標讀者加入相同群組，也可以如法炮製，方法如下：

- 張貼著作的封面設計和標題等選項，詢問大家的意見，以建立預期心理；
- 宣布你的書要出版了，順便寫上你有多興奮（記得Facebook比較個人，所以態度可以親切一點）；
- 偶爾可以談談你的書有哪些特別活動，不過重點要放在出版的時候。

## YouTube

對於把自己放上YouTube的這個想法，大家的喜好很兩極。它很重要，因為它是僅次於Google的第二大搜尋引擎，所以當人們在搜尋你的主題時，很可能會碰巧看到你的影片。光憑這點，它就不能被忽略。

試試這些點子：

- 如果你是講者，錄製一些你在講台上拿著自己的書介紹的影片，然後傳到網路上；
- 錄下你為什麼寫下這本書、讀者會從書裡得到什麼，接著在影片描述的最上方加入購買連結；
- 以你書中的不同章節為基礎創作一系列的影片。你能將書的內容視覺化，用影片來擴大它的規模。

## 社群媒體的優點

- 免費
- 可以接觸到廣大的群眾
- 培養生意人脈的機會，長期和短期來說都是如此

## 社群媒體的缺點

- 養成觀眾群、建立連結和培養存在感都需要時間
- 光是貼文不會達成什麼效果——和粉絲的關係也一樣重要，而這需要花費時間與努力
- 你必須規律地堅持下去

## Podcast與線上研討會

在某人的Podcast節目或線上研討會受訪是一種絕佳方式，來把自己定位成在你的主題領域中的專家，也可以順理成章地連結到著作的宣傳。如果你不太確定線上研討會是什麼，它們是以某個主題為中心舉辦的線上會議，分成幾段不同的訪問讓來賓參與。我已經參加了好幾年的Podcast節目和研討會，因此可以證實它們確實有提高曝光度的效果——有幾位潛在客戶都說，他們是在聽這些節目的時候，第一次知道我這個人。它們遠遠沒有你所想的那麼可怕。

被採訪可以給你這樣的自由，讓你盡可能以書的主題來作為回答的基礎，聊聊你的書和專業。你有現成的管道可以觸及訪問者的聽眾，所以很值得確認他們和你的目標讀者是相似的一群人。節目通常都會有線上簡介，可以在其中加入你的個人資料——並確保你加上了用戶磁鐵或書的連結，才能獲得電子郵件名單或提高書籍銷售。

你可以用Google和Twitter搜尋線上研討會和Podcast，也可以向即將舉辦的研討會自薦——他們可能還是很歡迎新講者。我自己就曾這麼做過，結果在有人放鳥主辦單位

的時候，臨時被通知可以填補空缺。節目現場播出時，記得在你自己的平台宣傳，這樣可以增加書籍銷量，並提高專業可信度。

當然，你也可以推出自己的Podcast節目，甚至主持你自己的線上研討會。如果你是以自己書的主題為中心來打造，它就可能變成對銷售和建立權威來說，有效率得不可思議的工具。出版人艾莉森・瓊斯甚至製作了一個Podcast節目，來公開激勵自己寫自己的專業書籍：《本書就是商機》（*This Book Means Business*，暫譯），在播了一百多集之後，到現在還是屹立不搖[53]。你永遠不知道接下來會怎樣……。

---

53　Alison Jones, *This Book Means Business: Clever Ways to Plan and Write a Book That Works Harder for Your Business*, Practical Inspiration, 2018. 這裡可以找到艾莉森podcast的第108集：www.extraordinarybusinessbooks.com/category/podcast/

## Podcast與線上研討會的優點

- 你有機會觸及（潛在的）成千上萬名聽眾和觀眾
- 你可以透過自己的社交管道來宣傳你的訪談，也可以把這件事交給負責訪問的主持人，因而能增加你的目標群眾
- 你得以和主持人建立關係，拓展你的專業人脈
- 製作自己的Podcast或研討會，讓你可以進一步打造自己的行銷平台

## Podcast與線上研討會的缺點

- 你得仰賴其他人同意採訪你
- 如果你要製作自己的Podcast或研討會，工作量會非常大，學習之路也很漫長

**我們談到了：**

- 網路行銷最重要的優點是有極高的觸及率，還可以提供連結，讓讀者立刻購買。

- 但這也是你最主要的挑戰，因為你得和其他幾千個作者競爭。

- 網路的主要管道是你的網站、網誌和社群媒體平台，以及Podcast與線上研討會，都各有自己的優缺點。

# 第十七章
# 用你的書變成專家

一本可以讓你生意興隆的書

寫作也許是人類最偉大的發明，它讓相隔遙遠時代、
未曾相識的人們得以聚首。書打破了時間的束縛，
證明人類有能力創造奇蹟。

——卡爾‧薩根（Carl Sagan），科學溝通大師

　　如果你和大多數經營者一樣，寫書最主要的目的，就
是讓自己更具權威。事實上，「權威」（authority）這個
詞本身就來自作者（author）。對我來說，它就代表著讓
世界有所不同（即使可能只有一小部分）的想法和概念的
創始人。要成為權威，你得擁有值得說的內容，接著傳布
出去，讓它們被欣賞、被了解，也能贏得對這些內容有興
趣的觀眾注意力。

　　我們在第三部分「宣傳」一直著重的，就是這些觀
眾。因為要產生改變，你的訊息就必須廣為人知，這意味
著你必須不同凡響；最終有些人將被你吸引，也想和你合
作。有些人不贊同你，甚至會因為你必須說的事情而討厭
你，但這也沒有辦法；如果你想要被視為權威人物，就應
該願意把自己放上講台，讓聚光燈照在你身上。這並不表

示要很招搖，但的確需要你對自己的觀點有某種程度的自信，並且願意為它辯白。

你的書要從哪裡得到這些呢？難得有專家在他們的領域被廣泛認為是權威，但卻不是作家的。這是因為著作有神奇的力量：它證明你在專業領域中知道的事情夠多，才能夠寫出這麼一大堆相關內容，來賦予人們靈感，並且激勵和教育他們。這是很令人感動的。

## 想辦法名門聯姻

如果對你的事業來說，一本書只能帶來這樣的支持和權威，並不算最物盡其用的方式——你也可以用你的書來擴大事業規模。就像是辣妹合唱團的維多利亞·亞當斯（Victoria Adams）和大衛·貝克漢（David Beckham）結婚一樣——兩人的結合比各自加在一起還要堅韌。

我先前說過寫書的過程可以如何促使你更深入思考你的專業，幫助你迸發一些想法、框架和思路，來充實你的工作方式，也許能讓你發想出幫助讀者的新方法，以下是一些例子。

## 線上課程

藉由為你的知識打造出書籍的結構，你就可以順勢把它轉變為一系列的培訓單元，來單獨販售這些課程，或是包含在個人客戶的服務裡；這樣他們在開始和你合作的時候，就可以馬上進入狀況。

## 練習本

如果你的書是入門指南，做一本練習手冊可能會對讀者很有幫助。許多會這麼做的作者，都是在書裡附上免費下載的連結來換取電子郵件位址，藉此與讀者維繫長期溝通。把這件事做得有聲有色的絕佳範例，就是布萊厄妮・湯瑪斯（Bryony Thomas）的《滴水不漏的行銷》[54]（*Watertight Marketing*，暫譯）。讀者買完書登記以後，會收到一套練習本和範本、允許加入Facebook社團、受邀參加每月進階班，也可以購買她的行銷企畫，來幫助他們實踐在書裡學到的一切。你可以參考她是如何把事業和著作結合在一起的。

---

[54] 'Your Essential Manual for Confident Marketing Decisions', *Watertight Marketing*, www.watertightmarketing.com/toolkit/about-the-book/

## 迷你版

如果你要大批銷售，尤其是在大型活動演講，也可以為你的書製作精簡版，價格比完整版便宜，也能當成贈品，是吸引注意力的另外一種方式。若要把你的書範圍縮小，可以考慮從原作中擷取一部分，或是簡單的摘錄——只要是四十到一百頁之間的內容都行（想想知名出版社都是如何運用的，例如傻瓜系列〈for the Dummies〉）。你可以和活動主辦單位協調把迷你書放進贈品袋裡，或是和一間與你有類似目標消費群的公司談好，夾帶在它們的實體型錄裡寄出。其中最有興趣的讀者一定會想要完整版，也有可能會直接去買。這種趨勢正在成長，所以只要你看到任何人在做這件事，都值得注意一下，再想想你可能怎麼利用。

**我們談到了：**

- 成為作者會賦予你傳播想法和建議的能力。

- 你可以用著作來為事業開發更多資產，並藉此創造
  著作和專業之間相輔相成的關係。

最終章
# 好好利用你
# 身為作者的新角色

作者沒有驚喜之感，讀者就不會有驚喜之感。

——羅伯特・佛洛斯特（Robert Frost）

每次我只要問剛有新書出版的人，這一路的體驗是不是如同他們所想的時候，都會被投以難以置信的眼光。

花的時間比我想像的長超多的。

天啊，寫書超難的！（或是正向一點的……）

我從來不知道自己懂那麼多。

終於完成了很興奮，我已經在想下一本書了。

有多少位作者，就有多少種反應。有些沈浸在自己創造出來的想法裡，有些則是陶醉在找上門的新機會中，既然他們現在已經很有名了嘛。有更多人因為他們了解到的自己而驚訝——這是一件很棒的事，因為只要我們有任何機會，都應該要讓自己一直刻骨銘心下去。

對我自己來說，寫這本書是一個重大的改變。我以自己前所未見的方式，深入探討自己的步驟和想法。我將四散的知識整理到一個定點之後，覺得非常有成就感，也很期待書出版之後會發生什麼事。誰會和它巧遇，接著把它讀完呢？它會打開哪些門？有多少專業書籍得以因為這本書的關係而問世、否則只能留在作者的腦海裡呢？這些已經夠讓一個人神采飛揚了。

所以，既然你已經翻越重重山嶺，現在有一本書上印著你的名字，你就可以舒適地攤開坐好，燦笑著滿意地說「我辦到了」；不過除此之外，未來會怎麼樣呢？

首先，你就等於加入了一個社團——這群人有知識、毅力和遠見，不只是夢想寫本書而已，而是真的完成了。曾有個顧問告訴我，能和其他專業書籍作者交換故事、第一次感覺自己和他們平起平坐，是一件多有意思的事。

其次你要做好準備，因為令人振奮的機會可能隨時來敲門；這樣的機緣，也許會是某個網紅讀了你的書，然後邀請你上他們的Podcast（結果某個聽眾之後成了你的貴客）。或可能是你觸動了一些人的人生，他們又把你推薦給朋友。有件事情是確定的，你所觸及到的讀者會比之前

的更全面，因為一旦在網路上能買到你的書，要讓每個人都知道你這個人，就不會有什麼地理障礙了。

最後是情感上的滿足。一位我代筆的客戶告訴我，在各種會議場合，有人上前說自己多喜歡她的書的時候，是多令人感動的事。另外一位客戶則是遇見讀了他的書之後，生活方式整個大轉變的讀者——這就是最初作者會想寫作的終極理由。而且，增加對你的主題的自信以及讓自己不屈不撓的能力，是一劑巨大的強心針，就彷彿你發現自己以「某書的作者」的方式成名之後，心頭感覺到一陣揪起的興奮顫動一樣。

不過還是有一些調整待進行，還記得我們談過你投資在著作上的報酬會是什麼嗎？你是不是可能提高你的收費（好耶！）、尋求更高階的演講場合來拓展觀眾，還是可能拓寬你對目標客群的視野呢？這是一個需要有意識去改變的過程，因為我們很容易陷在「我覺得我應得的就只有這些」的窠臼中。現在你既然已經出書了，地位就比較特別，所以請好好利用。

最重要的是，享受身為一個專業書籍作者的感覺。我保證你絕對覺得不虛此行。（全書完）

金妮‧卡特（Ginny Carter）是非文學類書籍的代筆作家兼寫作教練。她代筆過的主題五花八門，從人力資源到特定恐懼症都有，且有些是由大型出版集團出版。這些書都有個共通點：它們都為自己的作者帶來能見度、可信度，也讓他們更搶手。她也是得獎電子書《如何建立專業書籍大綱》的作者，她在書中陳述了創作完美書籍架構的關鍵五步驟。

金妮向來熱愛傳播溝通——她在行銷界工作了二十一年，其中包括擔任三年的專案社群媒體經理。透過幫客戶發文和推文，她發現自己對捕捉客戶的風格很有天分。因此，她決定將她與生俱來的寫作技巧發揮得更具體，來幫助客戶寫自己的書。

金妮一家住在英國馬格斯菲特（Macclesfield）的河堤邊。要是她終於有難得不窩在鍵盤前的時候，就是在面對先生和兩個小孩的大魔王考驗，使用著她的溝通技巧；再不然就是埋頭在讀什麼精采的書。

若你有一本書等著誕生，但不太確定從哪裡下手、或

不知道有沒有時間可以花在上面，請利用下列聯絡方式和她打個招呼，開始討論：

　　網站：www.marketingtwentyone.co.uk

　　LinkedIn：www.linkedin.com/in/ginnycarter

　　Twitter：@_GinnyCarter


　　敬你的書！

更多資源

　　這裡有一些關於寫作、出版和行銷的其他書籍，我特別挑選出和專業書籍息息相關的。

*The Business Book Outline Builder*, Ginny Carter

*This Book Means Business*, Alison Jones

*How to Write Your Book Without the Fuss*, Lucy McCarraher and Joe Gregory

*Write to the Point*, Sam Leith

*The Storytelling Toolkit*, Lynda McDaniel and Virginia McCullough

《大腦抗拒不了的情節：創意寫作者應該熟知、並能善用的經典故事設計思維》，麗莎‧克隆著，大寫出版（*Wired for Story*, Lisa Cron）

*The Tall Lady with the Iceberg*, Anne Miller

*Dictate Your Book*, Monica Leonelle

*Quick Cheats for Writing with Dragon*, Scott Baker

*Successful Self-Publishing*, Joanna Penn

*The Authority Guide to Publishing Your Business Book*, Sue
　　Richardson

*Write the Perfect Book Proposal*, Jeff Herman and Deborah Levine
　　Herman

*Writers' & Artists' Yearbook*

*How to Market a Book*, Joanna Penn

*Book Marketing Made Simple*, Karen Williams


以下是你在寫書的旅程中，可能會想要訂閱的網誌或
podcast。

Ginny Carter: www.marketingtwentyone.co.uk/articles

The Creative Penn: www.thecreativepenn.com/blog

Jane Friedman: www.janefriedman.com/blog

The Extraordinary Business Book Club Podcast:
　　www.extraordinarybusinessbooks.com/podcast-episodes

The Creative Penn Podcast: www.thecreativepenn.com/podcasts

The Bestseller Experiment Podcast: www.bestsellerexperiment.
　　com/podcasts

**致謝**

　　我要先感謝我的試閱讀者們——在我完稿前讀完這本書，並給我建議的好友和同事。你們有建設性的批評和支持的意見，讓這本書大大地不同。艾莉森・瓊斯，茱莉・丹尼斯（Julie Dennis）與凱倫・史基摩（Karen Skidmore）——謝謝。

　　也感謝艾莉森和Practical Inspiration Publishing出版社的團隊，幫忙文字編輯、封面設計、格式設定和行銷支援，讓我的稿子像做過SPA一樣，變成一本脫胎換骨的書；它來自於各種照顧，艾莉森的鼓勵更是無以言喻。

　　我也要感謝我的客戶，因為你們在寫書上對我的信任，讓我得以成長為一個作家。要是沒有你們，我不可能寫出這本書。

　　最後要感激所有在我的寫作過程中，給我啟發的作者們，不過你們自己應該都不知道。我總說每個優秀的作家都傾向有個共通點，就是大量的閱讀。看完你們的書，讓我學到了很多。

開始擬定你的寫書計畫吧！

_____

_____

_____

_____

_____

_____

_____

_____

_____

VW00034

# 為什麼你該寫一本書？
## 打造個人品牌，從撰寫一本成為焦點的書開始
## Your Business Your Book
## How to plan, write, and promote the book that puts you in the spotlight

作　　者—金妮‧卡特（Ginny Carter）
譯　　者—林幼嵐
主　　編—林潔欣　　　企　　劃—王綾翊
設　　計—江儀玲　　　排　　版—游淑萍

第五編輯部總監—梁芳春
董 事 長—趙政岷
出 版 者—時報文化出版企業股份有限公司
　　　　　108019 臺北市和平西路 3 段 240 號 3 樓
　　　　　發行專線—（02）2306-6842
　　　　　讀者服務專線—0800-231-705‧（02）2304-7103
　　　　　讀者服務傳真—（02）2306-6842
　　　　　郵撥—19344724　時報文化出版公司
　　　　　信箱—10899臺北華江橋郵局第99信箱
時報悅讀網—http://www.readingtimes.com.tw
法律顧問—理律法律事務所　陳長文律師、李念祖律師
印　　刷—勁達印刷股份有限公司
一版一刷—2021 年 6 月 18 日
一版三刷—2021 年 12 月 23 日
定　　價—新臺幣420 元
（缺頁或破損的書，請寄回更換）

時報文化出版公司成立於一九七五年，
並於一九九九年股票上櫃公開發行，於二〇〇八年脫離中時集團非屬旺中，
以「尊重智慧與創意的文化事業」為信念。

為什麼你該寫一本書？：打造個人品牌，從撰寫一本成為焦點
的書開始／金妮‧卡特（Ginny Carter）著；林幼嵐譯. -- 一版. --
臺北市：時報文化出版企業股份有限公司, 2021.6
面；公分. -
譯自：Your Business your book : how to plan, write, and promote the
　　　book that puts you in the spotlight
ISBN　9789571390338（平裝）
1.行銷策略 2.策略規劃
496　　　　　　　　　　　　　　　　　　　　　110008003

ISBN　9789571390338
Printed in Taiwan